蛋鸡免疫技术简明手册

组织编写 南京市动物疫病预防控制中心

主　编 陈　婷

U0302158

东南大学出版社
SOUTHEAST UNIVERSITY PRESS
·南京·

内容简介

本书简要介绍了蛋鸡疫苗免疫相关的技术内容,包括免疫的基本概念、疫苗的基本概念、疫苗的分类、疫苗的使用方法及注意事项、蛋鸡免疫程序的制定、影响疫苗免疫效果的因素、免疫效果的监测、蛋鸡免疫的相关政策和规定、蛋鸡免疫社会化服务基本情况、蛋鸡防疫中人员防护及相关附录资料等 11 个部分的内容。

图书在版编目(CIP)数据

蛋鸡免疫技术简明手册 / 陈婷主编. — 南京 : 东南大学出版社,2022.5(2023.6 重印)

ISBN 978 - 7 - 5641 - 9903 - 6

Ⅰ. ①蛋… Ⅱ. ①陈… Ⅲ. ①卵用鸡-免疫技术-手册 Ⅳ. ①S831.4-62

中国版本图书馆 CIP 数据核字(2021)第 256893 号

责任编辑:郭 吉 周 菊 责任校对:韩小亮 封面设计:毕 真 责任印制:周荣虎

蛋鸡免疫技术简明手册

Danji Mianyi Jishu Jianming Shouce

组织编写	南京市动物疫病预防控制中心
主 编	陈 婷
出版发行	东南大学出版社
社 址	南京市四牌楼 2 号(邮编:210096 电话:025 - 83793330)
印 刷	唐山玺鸣印务有限公司
开 本	880mm×1230mm 1/32
印 张	2.75
字 数	90 千字
版 印 次	2022 年 5 月第 1 版 2023 年 6 月第 2 次印刷
书 号	ISBN 978 - 7 - 5641 - 9903 - 6
定 价	29.00 元
经 销	全国各地新华书店
发行热线	025 - 83790519 83791830

编委会

前　言

以免疫为主的疾病防控技术，是减少和控制蛋鸡疫病的重要手段之一，不仅可以提高蛋鸡抗病力，而且可以直接增加蛋鸡养殖者的经济效益，改善蛋鸡产品的品质质量，保障公共卫生安全。但在生产实践中，由于部分蛋鸡养殖者对免疫技术掌握不够系统、操作不够规范、个人防护意识薄弱等，常会出现蛋鸡免疫接种后免疫抗体达不到保护水平，鸡群仍时有发病的情况。为进一步规范蛋鸡免疫操作，提高免疫接种成功率，使免疫达到最佳效果，从而保证蛋鸡健康状况，降低养殖疫病风险，提高养殖效益，我们组织编写了《蛋鸡免疫技术简明手册》一书。

编者从生产实践出发，采用问答式的编写方式，简明扼要地介绍了蛋鸡免疫技术的相关内容。另外，编写组还附上了《蛋鸡的免疫操作规程》和《蛋鸡的免疫抗体监测规程》等内容，方便读者借鉴。本书具有以下特点：一是实用性。对蛋鸡免疫的基本概念、操作程序、注意事项、政策规定及人员防护等10个方面进行了详细介绍，满足了基层蛋鸡养殖者的技术需求。二是指导性。面向基层防疫人员和蛋鸡养殖场技术人员,对规范开展蛋鸡免疫工作和科学做好人员自身防护等提供了技术指导。三是便捷性。内容简洁明了、方便实用,适合基层防疫人员和蛋鸡养殖场(户)开展免疫工作时参考使用。

　　由于编者水平和掌握的资料有限,本手册难免有疏漏和不足之处,敬请专家和广大读者朋友们批评指正。

编　者

目　　录

一、免疫的基本概念

1 什么是免疫?

免疫(Immune)的概念经过了一个变迁的过程,即从古典免疫到现代免疫的变迁。古典免疫的概念是指动物机体对微生物的抵抗力和对同种微生物的再感染的特异性的防御能力。然而随着免疫的发展和研究的深入,发现很多现象如过敏反应、动物的血型、移植排斥反应、自身免疫病等均与病原微生物的感染无关。因此,现代免疫的概念已不再局限于抵抗微生物感染这个范畴,它是指动物机体对自身和非自身的识别,并清除非自身的大分子物质,从而保持机体内、外环境平衡的一种生理学反应。

执行这种功能的是动物机体的免疫系统,它是动物在长期进化过程中形成的与自身内(肿瘤)、外(微生物)敌人斗争的防御系统,能对非经口途径进入体内的非自身大分子物质产生特异性的免疫应答,从而使机体获得特异性的免疫力,同时又能对内部的肿瘤产生免疫反应而加以清除,从而维持自身稳定。

2 免疫的基本功能有哪些?

(1) 抵抗感染

抵抗感染又称免疫防御(Immunological defence),是指动物机体抵御病原微生物的感染和侵袭的能力。动物的免疫功能正常时,能充分发挥对从呼吸道、消化道、皮肤和黏膜等途径进入动物体内的各种病原微生物的抵抗力,通过机体的非特异性和特异性免疫力,将微生物歼灭。若免疫功能异常亢进,可引起传染性变态反应;而免疫功能低下或免疫缺陷,可引起机体的反复感染。

（2）自身稳定

自身稳定（homeostasis）又称免疫稳定（immunological homeostasis）。在动物的新陈代谢过程中，每天都有大量的细胞衰老和死亡，这些失去功能的细胞积累在体内，会影响正常细胞的功能活动。免疫的第2个重要功能就是把这些细胞清除出体内，以维护机体的生理平衡，这种功能称为自身稳定。若此功能失调，则可导致自身免疫性疾病。

（3）免疫监视

机体内的细胞常因物理、化学和病毒等致癌因素的作用突变为肿瘤细胞，这是体内最危险的"敌人"。动物机体免疫功能正常时即可对这些肿瘤细胞加以识别，然后调动一切免疫因素将这些肿瘤细胞清除，这种功能即为机体的免疫监视。若此功能低下或失调，则可导致肿瘤的发生。

3 免疫的基本特性有哪些？

（1）识别自己与非己（Recognition of self and non-self）

对机体自己与非己的大分子物质进行识别是免疫应答的基础。免疫系统对自身组织成分不起反应，而对非己成分则发生明显反应。机体这种识别的机能十分精确，不仅能识别异种蛋白质，甚至对同一种动物不同个体的组织和细胞也能识别。

（2）特异性（Specificity）

与识别功能一样，免疫反应具有高度的特异性，它能对抗原物质极微细的差异加以区别。如接种新城疫疫苗可获得对新城疫病毒的免疫力，但不能抵抗其他病毒的攻击，如对马立克氏病病毒无抵抗力；而对于某些多血清型的病原，应用某一血清型的疫苗免疫接种，免疫动物也只能产生针对该血清型病原的免疫力。这种特异性主要取决于抗原表面的某些特殊化学基团（决定簇）与机体所产生的抗体分子上抗原结合部位的互补关系。

（3）免疫记忆（Immunologic memory）

免疫细胞接受抗原刺激后，部分淋巴细胞分化为记忆细胞，当再

2

次与同种抗原接触，即可迅速产生免疫应答，发挥免疫效应。

4 什么是免疫记忆？

免疫具有记忆功能。动物机体对某一抗原物质或疫苗产生免疫应答，体内产生体液免疫（抗体）和细胞免疫（效应淋巴细胞及细胞因子），而经过一定时间，这种抗体消失，但免疫系统仍然保留对该抗原的免疫记忆，若用同样抗原物质或疫苗加强免疫时，机体可迅速产生比初次接触抗原时更多的抗体，这就是免疫记忆。

5 免疫记忆对于动物体的意义是什么？

动物患某种传染病康复后或疫苗接种后可使动物产生长期的免疫力，是由于机体在初次接触抗原物质的同时，除刺激机体形成产生抗体的细胞（浆细胞）和效应淋巴细胞（如细胞毒性 T 细胞）外，也同时形成免疫记忆细胞，可对再次接触的抗原物质产生更快的免疫应答。

6 什么是抗原？

引起机体产生特异性免疫反应的物质叫抗原，如细菌、病毒、寄生虫、花粉、异种动物的血清、异体组织等异物。

7 什么是抗体？

抗体是指在机体受抗原刺激后，由效应 B 淋巴细胞产生和分泌，能与该抗原发生特异性结合的具有免疫功能的球蛋白。

8 什么是免疫系统，其组成有哪些？

免疫系统是机体的一个重要防御系统。该系统是由免疫器官、免疫细胞和免疫相关分子组成的。

9 机体的免疫器官有哪些？

机体的免疫器官可分为中枢免疫器官和外周免疫器官两大部分。蛋鸡的中枢免疫器官包括骨髓、胸腺和法氏囊；蛋鸡的外周免疫器官有淋巴结、脾脏、哈德氏腺、骨髓、黏膜相关淋巴组织等。

10 免疫细胞有几种?

参与免疫应答的细胞有免疫活性细胞以及其他免疫相关细胞。经抗原刺激以后才能产生免疫应答的细胞称为免疫活性细胞,主要有 T 细胞和 B 细胞。T 细胞和 B 细胞表面各自有不同的表面受体和表面抗原,以此又分为多个亚群。其他免疫细胞主要有 NK 细胞、K 细胞、单核-巨噬细胞、树突状细胞及粒细胞等。

11 免疫相关分子有哪些?

免疫相关分子有抗体、补体和细胞因子等。

12 什么是体液免疫?

体液免疫(Humoral immunity),即以浆细胞产生抗体来达到保护目的的免疫机制。负责体液免疫的细胞是 B 细胞。体液免疫的抗原多为相对分子质量在 10 000 以上的蛋白质和多糖大分子,病毒颗粒和细菌表面都带有不同的抗原,所以都能引起体液免疫。

13 体液免疫有几个作用阶段?

体液免疫有感应、反应和效应三个阶段。

(1)感应阶段

抗原经过吞噬细胞摄取、处理后暴露出抗原决定簇(决定抗原物质的特殊化学基团),再由吞噬细胞呈递给 T 细胞,T 细胞再呈递给 B 细胞;少部分抗原可以直接刺激 B 细胞。

(2)反应阶段

B 细胞接受抗原刺激后增殖分化,形成浆细胞(效应 B 细胞),另外小部分成为记忆细胞,同种抗原再次进入机体时,记忆细胞会迅速增殖分化形成大量浆细胞,产生更强的免疫反应(称二次免疫/二次应答)。

(3)效应阶段

浆细胞产生抗体与相应抗原特异性结合,形成沉淀或细胞集团,进而被吞噬细胞吞噬消化。

14 什么是细胞免疫?

细胞免疫又称细胞介导免疫。狭义的细胞免疫仅指 T 细胞介导的免疫应答,即 T 细胞受到抗原刺激后,分化、增殖、转化为致敏 T 细胞,当相同抗原再次进入机体时,致敏 T 细胞对抗原的直接杀伤作用及致敏 T 细胞所释放的细胞因子的协同杀伤作用。T 细胞介导的免疫应答的特征是出现以单核细胞浸润为主的炎症反应和/或特异性的细胞毒性。广义的细胞免疫还应该包括原始的吞噬作用以及 NK 细胞介导的细胞毒作用。细胞免疫是清除细胞内寄生微生物的最为有效的防御反应,也是排斥同种移植物或肿瘤抗原的有效手段。

15 细胞免疫有几个作用阶段?

细胞免疫也有感应、反应和效应三个阶段。

(1)感应阶段

与体液免疫大致相同。

(2)反应阶段

T 细胞受抗原刺激(吞噬细胞呈递而来或抗体直接刺激)后增殖分化形成效应 T 细胞,少数形成记忆细胞,同种抗原再次进入机体时,记忆细胞会迅速增殖分化形成大量效应 T 细胞,产生更强的免疫反应。

(3)效应阶段

效应 T 细胞与已经被入侵的细胞(靶细胞)接触,激活靶细胞内部的溶酶体酶,使细胞膜通透性改变、渗透压变化,最终使得靶细胞裂解死亡,细胞内抗原释放。

16 什么是黏膜免疫?

黏膜免疫是由分布在呼吸道、消化道、泌尿生殖道及与之相关联的外分泌腺的黏膜上皮组织及分泌物、黏膜相关淋巴组织和免疫活性细胞、微生物群等共同构成的免疫应答网络,在病原、食物抗原、变应原等的刺激下诱导出的免疫应答反应。

二、疫苗的基本概念

17 什么是生物制品？

生物制品是指根据免疫学原理,利用微生物或寄生虫及其代谢产物或应答产物制备的,用于相应疾病预防、治疗或诊断的药品。生物制品通过刺激机体免疫系统,产生免疫物质(如抗体)来发挥作用,在机体内出现体液免疫、细胞免疫或细胞介导免疫,因此也不同于一般的医用药品(图2-1)。

图2-1

从狭义上讲,将用于预防、治疗疾病的疫苗、抗血清和诊断制品称为生物制品;从广义上讲,又可将血液制剂、脏器制剂及非特异性免疫制剂(如干扰素、胸腺素、微生态制剂、丙种球蛋白等)包括在内。因此,生物制品的含义正随着科学技术的发展而不断充实。

18 什么是疫苗？

疫苗是由病原微生物、寄生虫以及其组分或代谢产物所制成的用于人工自动免疫的生物制品。常规疫苗是由细菌、病毒、立克次氏体、螺旋体、支原体等完整微生物制成的疫苗,包括活疫苗、灭活疫苗、类毒素、生态疫苗、寄生虫疫苗、肿瘤疫苗等;另外疫苗还包括利用微生物的一种或几种亚单位或亚结构制成的亚单位疫苗和其他的生物技术疫苗,如基因工程疫苗、合成肽疫苗、抗独特型疫苗、核酸疫苗等。

19 什么是单价疫苗、多价疫苗和联合疫苗？

单价疫苗:指用同一种微生物菌(毒)株或一种微生物中的单一血清型菌(毒)株的增殖培养物所制备的疫苗。单价苗对相应的单一血清型微生物所导致的疾病有良好的免疫保护作用。

多价疫苗:指同一种微生物的多种血清型菌(毒)株的增殖培养物制备的疫苗。多价疫苗的注射能使免疫动物获得某种疾病更全面的保护,如二价苗、三价苗、四价苗等。

联合疫苗:即多联疫苗,指利用不同微生物增殖培养物,根据疫病特点,按免疫学原理和方法组配而成,动物接种后,能产生对相应疫病的免疫保护,可以达到一针防多病的目的。生产中常用的有二联苗、三联苗等。

20 应用多联疫苗或多价疫苗有什么作用?

应用多联疫苗或多价疫苗可以通过一次免疫获得多种疾病或同一种微生物多种血清型菌(毒)株的抵抗能力,达到一针防多病或者获得一种疾病完全保护的目的,减少接种次数,从而最大程度减少被接种动物的应激反应次数,扩大疫苗的免疫范围,简化免疫程序,提高接种率,减少人力、物力的消耗,降低交叉感染风险。

多联疫苗与多价疫苗有区别的地方在于同一种疾病的免疫注射次数不同:多价疫苗和普通疫苗一样,注射次数并没有减少;多联疫苗具有的免疫原性与分别接种多种疫苗无差异,因而能有效减少注射次数和注射剂量。

21 什么是同源疫苗、异源疫苗?

同源疫苗:指利用同种、同型或同源微生物的弱毒株或无毒变异株制备,而又应用于同种类动物免疫预防的疫苗,如新城疫 LaSota 系疫苗等。

异源疫苗:指利用含交叉抗原的不同种微生物菌(毒)株制备的疫苗,接种后能使其获得对疫苗中不含有的病原体产生抵抗力,或用同一种微生物种毒制备的疫苗,接种动物后能使其获得对异型病原体的抵抗力。

22 如何将灭活苗与活疫苗结合使用?

在实际生产中将灭活苗与活疫苗结合使用往往可以收到理想的效果,但两针需要间隔一定的时间。临床上通常选用活疫苗做基础免疫,用灭活苗做加强免疫,效果比较理想,如新城疫的免疫预防。

三、疫苗的分类

23 兽用疫苗有哪些种类？

依据制作方法不同,兽用疫苗可以分为:灭活疫苗、弱毒疫苗、类毒素疫苗、亚单位苗、基因工程疫苗、化学合成疫苗、微胶囊可控缓释疫苗、抗独特型抗体疫苗、免疫复合体疫苗、病毒抗体复合物疫苗、遗传重组疫苗、分泌抗原疫苗等(图3-1)。

图 3-1

24 什么是灭活疫苗？有哪些优缺点？

灭活疫苗又称死疫苗,是指选用免疫原性强的病原体或其弱毒株经人工大量培养,通过物理或化学的方法处理,使其丧失感染性或毒性而保持良好的免疫原性,加入适当佐剂而制成的疫苗。

优点:无毒、安全性能好,疫苗性能稳定,生产简单,易于保存和运输,使用安全等。

缺点:使用时接种量大,只能注射接种,产生免疫力需要的时间长,主要诱导体液免疫,不能产生较好的黏膜免疫等。

25 什么是弱毒疫苗？有哪些优缺点？

弱毒疫苗又称活疫苗,是指通过人工诱变的弱毒株、天然弱毒株或失去毒力但仍保持抗原性的毒株所制成的疫苗。

优点:用量少,接种方法多,使用方便,免疫效果好,能诱导体液免疫和细胞免疫,还能诱导机体的黏膜免疫。

缺点:生物活性稳定性差,致毒能力较强,容易发生变异,在储存和运输中易丧失活性或造成杂菌污染,故一般需要冷冻保存。

26 什么是类毒素疫苗？有哪些优缺点？

类毒素疫苗是指某些细菌产生的外毒素,经变性或经化学修饰而失去原有毒性但仍保留其免疫原性的生物制品,接种后能诱导机体产生抗毒素。常用的方法是用适当浓度甲醛脱毒。

优点:该类制剂在体内吸收较慢,能较长时间刺激机体,使机体产生高滴度抗体,增强免疫效果。

缺点:当前使用的类毒素疫苗多是采用传统技术制造,含有很多不纯成分,而且将毒素变为类毒素的甲醛处理过程也会导致与来自培养基的牛源多肽交联,从而产生不必要的抗原。

27 什么是亚单位苗？有哪些优缺点？

亚单位疫苗是用致病菌主要的保护性免疫原存在的组分(如细菌荚膜、鞭毛、病毒衣壳蛋白等)制成的疫苗,也叫组分疫苗,即除去病原微生物中有害成分和对免疫无关成分,保留其有效成分制成的疫苗。

优点:由于不含病原微生物的遗传物质,故副作用小,安全性高,具有广阔的应用前景。

缺点:免疫原性较低,需与佐剂合用才能产生好的免疫效果,而且生产工艺复杂,生产成本较高。

28 什么是基因工程疫苗？有哪些优缺点？

基因工程疫苗是指使用重组 DNA 技术克隆并表达保护性抗原基因,利用表达的抗原产物或重组体本身制成的疫苗。

（1）基因工程亚单位疫苗

该类疫苗是指将病原微生物中编码保护性抗原的基因,通过 DNA

重组技术导入细菌、酵母或哺乳动物细胞中,使该抗原高效表达后制成的疫苗。用于亚单位疫苗生产的表达系统主要有大肠埃希氏菌、枯草杆菌、酵母、昆虫细胞、哺乳类细胞、转基因植物、转基因动物。目前比较成功的基因工程亚单位疫苗是乙型肝炎表面抗原疫苗。

优点:安全性高,纯度高,稳定性好,产量高,可用于病原体难于培养,或有潜在致癌性,或有免疫病理作用的疫苗研究。

缺点:与传统亚单位疫苗相比,免疫效果相对较差。增强其免疫原性的方法有:①调整基因组合使之表达成颗粒性结构;②在体外加以聚团化,包入脂质体或胶囊微球;③加入有免疫增强作用的化合物作为佐剂。

(2)基因缺失活疫苗

该类疫苗是指通过基因工程技术在 DNA 或 cDNA 水平上去除与病原体毒力相关的基因,但仍保持复制能力及免疫原性的毒株制成的疫苗。

优点:毒株稳定,不易出现返祖,免疫原性好,安全性高,还具有鉴别诊断的优势。目前在临床上广泛使用的猪伪狂犬病基因缺失苗就是一个成功的例子,不但免疫原性好,而且由于毒力基因的缺失,使其成为一种标记性疫苗,可用于鉴别诊断。伪狂犬疫病净化,就是用 gE 基因工程伪狂犬病活疫苗配合 gE 鉴别诊断试剂盒来实施的。

缺点:到目前为止这类疫苗中成功的例子还不多,但的确是研制疫苗的一个重要方向。

(3)基因工程活载体疫苗

该类疫苗是指将病原微生物的保护性抗原基因,插入病毒疫苗株等活载体的基因组或细菌的质粒中,利用这种能够表达该抗原但不影响载体抗原性和复制能力的重组病毒或质粒制成的疫苗。

基因工程活载体重组疫苗可以是非致病性微生物携带并表达某种特定病原物质的抗原决定簇基因,产生免疫原性;也可以是致病性微生物修饰或去掉毒性基因以后,仍保持免疫原性。

优点:容量大,可以插入多个外源基因,应用剂量小而且安全,免疫效力好,能同时激发体液免疫和细胞免疫,克服了常规疫苗的缺点。

缺点:曾感染过腺病毒或者接种过痘苗的机体,对载体微生物已具有免疫力,接种之后不易繁殖,从而影响免疫效果。

(4)核酸疫苗

该类疫苗是指用编码病原体有效免疫原性成分的基因与细菌质粒构建的重组体,用该重组体可直接免疫动物机体,通过转染宿主细胞后表达的保护性抗原,诱导机体特异性免疫应答反应。核酸疫苗是利用现代生物技术免疫学、生物化学、分子生物学等研制成的,分为 DNA 疫苗和 RNA 疫苗,目前对核酸疫苗的研究以 DNA 疫苗为主。核酸疫苗所合成的抗原蛋白类似于亚单位疫苗,区别在于核酸疫苗的抗原蛋白是在免疫对象体内产生的。

优点:易于制备,便于保存,可多次免疫并且容易形成多联多价苗。

缺点:存在外源核酸整合到染色体中引起癌变的风险可能;有引起免疫病理作用的可能,如自身抗核酸抗体的产生、免疫耐受等问题。

(5)蛋白工程疫苗

该类疫苗是指将抗原基因加以改造,使之发生点突变、插入、缺失、构型改变,甚至进行不同基因或部分结构域的人工组合,以期达到增强其产物的免疫原性,扩大反应谱,去除有害作用或副反应的一类疫苗。

(6)转基因植物疫苗

该类疫苗是指利用分子生物学技术将病原微生物抗原编码基因导入植物,动物通过食用含有该种抗原的转基因植物而获得一定的对病毒、寄生虫等病原菌的免疫能力。

29 什么是化学合成疫苗？有哪些优缺点?

该类疫苗主要是通过化学反应合成一些被认为可以对动物有免疫保护作用的小分子抗原,包括人工合成肽苗和人工合成多糖苗。

(1)合成多糖疫苗

该类疫苗是指用化学方法人工合成的,可以对动物有免疫保护作用的多糖抗原,与载体蛋白结合制成的疫苗。

优点:与传统疫苗相比更准确、高效,且比从细菌中完成分离简单得多。

缺点:合成的前提是要准确知道细菌表面哪些多糖能够刺激机体做出免疫应答,故该类疫苗较少。

(2)合成肽疫苗

该类疫苗是指用人工方法按天然蛋白质的氨基酸顺序合成保护性短肽,与载体连接后加佐剂所制成的疫苗,是一种仅含免疫决定簇组分的小肽。

此种疫苗研究最早始用于口蹄疫病毒(foot-and-mouth disease virus,FMDV)合成肽疫苗,主要集中在 FMDV 的单独 B 细胞抗原表位或与 T 细胞抗原表位结合而制备的合成肽疫苗研究。目前,我国研制的猪口蹄疫 O 型合成肽疫苗已获批一类兽用新生物制品,保护效果不错,而且同常规的口蹄疫病毒灭活苗相比,副作用较小,是一种很有前景的疫苗。

优点:可以大量合成,适合难以人工合成培养的病原、无法致弱的病毒,纯度高,稳定性好,使用安全,可长期常温下保存,可将具有不同抗原性的短肽段连接在一起构成多价苗。

缺点:成本高,免疫原性弱,只能刺激体液免疫,不能刺激细胞免疫。

30 什么是微胶囊可控缓释疫苗? 有哪些优缺点?

微胶囊技术是指用一种或多种高分子材料制成壁壳包裹某种物质,制成微小粒子的一门技术。微胶囊可控缓释疫苗是一种运用可降解生物材料和微胶囊技术改进现有疫苗的剂型和投递方式,从而保护抗原,简化接种程序,增强免疫效果的新型可控缓释疫苗。该类疫苗具有靶向性与控释性,大大提高了疫苗的生物利用率,令机体可以长期产生高效抗体,对疫苗成功进入动物机体、产生生物学效果上具有重要的作用。此外,由于微胶囊的保护作用,母源抗体不能使抗原失活,可用于幼龄动物免疫接种。

优点：相较于传统疫苗，不仅延长了免疫时间，而且增强了免疫效果，具有稳定性、可控性、混合性等多种优点，可以广泛应用于口服、鼻用或肠外给药。

缺点：免疫效果容易受到壁材与芯材相容性和制作工艺的影响，且疫苗在动物消化道分解、释放、吸收的机制也有待深入研究。

31　什么是抗独特型抗体疫苗？

该类疫苗是指使用与特定抗原的免疫原性相近的抗体（Ab2）做抗原制成的疫苗。其免疫化学性质属于免疫球蛋白，而不是病原体的抗原性物质。该疫苗是以抗病原微生物的抗体（Ab1）作为抗原来免疫动物，抗体的独特型决定簇可刺激机体产生抗独特型抗体（简称"抗 Id 抗体"或"Ab2"），抗独特型抗体是始动抗原的内影像，可刺激机体产生对始动抗原的免疫应答，从而产生保护作用，又叫内影像疫苗。这是 20 世纪 70 年代后期发展起来的一种新型免疫生物制剂，如今正向实用领域方面发展。

作为一种新的建立在免疫网络调节理论基础上的免疫制剂，抗独特型抗体无疑会对多种传染病、肿瘤和自身免疫性疾病等起到积极的预防和治疗作用。但是该类疫苗也有其缺点：一是有异种蛋白的副作用；二是一种弱免疫原，单独或辅以佐剂应用，诱导产生的抗体反应均不及天然抗原分子的免疫效力。

32　什么是免疫刺激复合物疫苗？有哪些优点？

免疫刺激复合物（Immune stimulating complex，ISCOM）是一种全新的抗原提呈系统，由保护性抗原与微载体组成，具有佐剂和抗原提呈的双重功能。所用微载体为一种植物糖苷，能形成直径为 30—40 纳米的球形笼状颗粒，抗原与微载体连接后成为多价颗粒性抗原载体复合物，即免疫刺激复合物疫苗，用于免疫动物具有很强的免疫原性，所诱导的抗体效价比单用抗原免疫者高 10 倍，而且能在多种动物体内引发有力的体液免疫、细胞免疫和黏膜免疫应答。

优点：与传统疫苗相比，该类疫苗不但疫苗抗原的需求量较少，而且能够增加抗体反应水平和持久性，还能导致细胞毒记忆 T 细胞的增加，这在灭活苗或组分苗中是独一无二的，同时又可以使半抗原、化学合成小分子肽和基因工程产品成为一个可行的抗原媒介系统，在动物模型研究中还发现同样适用于年老及新生动物。兽用 ISCOM 疫苗已投放市场，未来会有更广泛的应用空间。

33　什么是病毒抗体复合物疫苗？有哪些优点？

该类疫苗是指由特异性高免血清或抗体按照适当的比例与传染性病毒混合制成的病毒-抗体复合物，其中抗体主要起到延缓病毒释放的作用。该技术对病毒和抗体的比例要求非常严格制，但作用机制和方式还不太清楚。如传染性法氏囊病毒-抗体复合物疫苗已经成功地应用于鸡传染性法氏囊炎的免疫。

优点：可增强鸡和哺乳动物的体液免疫反应，加强保护性免疫；孵化期也可以安全使用（包括经卵免疫）活疫苗；还可以用较强毒株给鸡首免，突破因源抗体的干扰，疫苗的安全性和免疫效果较好。

34　什么是遗传重组疫苗？

该类疫苗是指使用经遗传重组方法获得的重组微生物制剂。通常是将对机体无致病性的弱毒株与强毒株（野毒株）混合，弱毒株与野毒株间发生基因组片段交换而造成重组，然后使用特异方法筛选出对机体不致病但又含有野毒株强免疫原性基因片段的重组毒株。

35　什么是分泌抗原疫苗？

该类疫苗是指从寄生虫的培养液中提取的代谢分泌抗原制作的虫苗。该类疫苗的特点是：它属于一种混合疫苗，含有多种成分，应用时不仅需要免疫佐剂，而且还需要多次接种。由于提纯成本太高，限制了应用。

四、疫苗的使用方法及注意事项

36 常见的免疫操作方法有哪些？

常见的免疫操作的方法有注射免疫法、刺种免疫法、滴入免疫法、气雾免疫法、饮水免疫法。

37 什么是注射免疫法？

注射免疫是指将疫苗注射到蛋鸡的肌肉或皮下组织的免疫方法。疫苗经过皮下或肌肉注射后，很快被吸收并在家禽体内产生免疫力。

38 注射免疫法的优、缺点有哪些？

优点：剂量准确，抗体上升快，效果可靠。

缺点：费时费力，应激较大。

39 注射免疫法的适用性有哪些？

注射免疫法适合各种灭活疫苗和新城疫冻干活疫苗、禽流感疫苗等。

40 注射免疫法具体分为几类？

注射免疫法分为皮下注射和肌肉注射。皮下注射分为颈部皮下、腹股沟皮下、胸部皮下注射三种方法；肌肉注射又分为浅层胸肌注射、腿肌注射和翅膀肌肉注射。但在实践中，以皮下注射综合评价最好,其次是浅层胸肌注射。而采用腿肌注射方法时,一旦注射部位不准确,易刺伤神经、血管和骨,从而造成不必要的经济损失,因此,一般建议采用颈部皮下、腹股沟皮下和浅层胸肌注射方法进行免疫。

41 如何进行颈部皮下注射?

颈部皮下注射时,右手握注射器,左手拇指和食指将颈部下 1/3 处皮肤捏起。平行扎入左手拇指和食指提起的皮肤中间,注射完后如果发现颈部羽毛变湿,说明打漏了应重新补一针(图 4-1)。

图 4-1

42 如何进行腹股沟皮下注射?

腹股沟皮下注射时,一人保定鸡只,头朝下,腹部朝上,另一人自然把鸡的大腿和腹部皮肤捏起,注射在左手拇指和食指提起的皮肤中间(图 4-2)。

注射完后用手按压注射部位,使疫苗迅速散开,呈 2—3 厘米的片状,不要搓捻注射部位,避免疫苗从针眼内流出。

图 4-2

43　如何进行胸部皮下注射？

左手将鸡只固定好,平行放置,同时用食指和中指将羽毛拨开,从胸腔入口起距离龙骨嵴3厘米水平长方形处(血管上方),针头呈15°—45°进针,从羽毛根部位将疫苗注入(图4-3)。

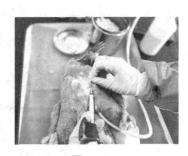

图4-3

疫苗注入后,要在皮下形成乳白色的片状。注入后拔出注射器的同时,用左手的食指按压注入部位,待疫苗充分扩散,形成2—3厘米的大片,防止外溢。

注入的疫苗要扩散开,避免堆积或打在羽毛根下,禁止将疫苗注入肌肉内或者体腔中。

44　如何进行浅层胸肌注射？

浅层胸肌注射时,首先掌握注射的准确部位,左手按住龙骨两端,在龙骨两侧上1/3处(图4-4),即肌肉丰满的地方进针,针头应与胸骨呈15°—30°或平行,这样不会将疫苗打到胸、腹腔内(图4-5)。

图4-4

图4-5

45　如何进行翅根肌肉注射？

一手持双翅翅根,暴露翅根部位。在翅膀根部内侧肌肉部位,将

17

针头平行于翅膀骨骼垂直于身体刺入,注入药液后,观察药液是否倒流,并轻按针孔(图4-6)。注意:翅根部中央血管富集,不要将中央部位作为进针方向。

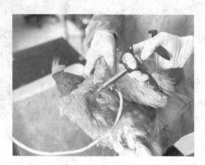

图4-6

46 如何进行腿部肌肉注射?

青年鸡一人单独操作,产蛋鸡一人保定一人操作。抓鸡人固定好鸡并充分暴露腿部肌肉,在正后侧腿部上1/3处进针(图4-7),针头倾斜呈30°,朝背部方向刺入腿部肌肉,注射完毕(图4-8)。

图4-7

图4-8

47 疫苗免疫操作规程要点有哪些?

(1) 免疫人员要持证上岗或经过培训达到技术要求,工作衣、帽、口罩要穿戴整齐(图4-9)。

（2）免疫前要了解鸡群的健康状况和体重,凡有异常情况的不能接种或暂缓免疫。

图 4 - 9

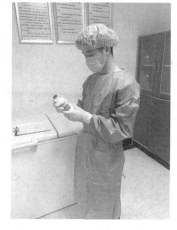

图 4 - 10

（3）免疫前对疫苗质量进行检查(图 4 - 10),若有以下情形之一者应弃之不用:疫苗瓶破裂或瓶塞松动;瓶内有异物或已霉,色泽、沉淀发生变化;没有标签,标签标识缺项或不清;质量要求与说明书不符;过了有效期;未按产品说明和规定进行保存的疫苗。

（4）操作流程

① 器械消毒:疫苗免疫用的非一次性注射器、针头、镊子、滴管、稀释用的瓶子要事先清洗,并用沸水煮 15—30 分钟消毒,切不可用消毒药消毒。

② 油乳剂灭活疫苗的预温:将疫苗预温至 25℃ 或提前将疫苗放入鸡舍 2—4 小时。

③ 摇匀:将预温的油乳剂灭活疫苗上下摇动不低于 30 秒,免疫过程中要定时进行摇动。

④ 调整注射器免疫剂量,在注射过程中要随时校对免疫剂量。

⑤ 选定注射部位进行免疫(见 41—46 问)。

⑥ 冻干苗注射时,先用冷却的注射用水或生理盐水 2—4 毫升

稀释疫苗,同时检测真空度(失空的疫苗不能使用),按照注射剂量和免疫数量稀释疫苗,然后按注射剂量进行注射。

(5)做好免疫记录(见附录2),完整记录疫苗品名、接种日期、疫苗批号、有效期、生产企业、异常记录和接种者签名。如多名接种人员同时操作的,应设有区别明确清晰的标识和说明。

(6)免疫后应留意观察鸡群2—3天,并记录鸡群的异常反应。

48 疫苗接种注意事项有哪些?

(1)注射免疫前后2—3天时间,可用维生素C、电解多维等饮水,以减少对鸡的应激。

(2)免疫应在傍晚或晚上进行,以减轻应激。

(3)使用油乳剂疫苗免疫时,一要摇匀,二要预温。如颈部皮下注射,要注射在颈后段1/3处皮下,切不可注射到颈部肌肉内。如注射到颈部肌肉内,可引起鸡缩颈、精神不振、采食下降、消瘦等;如注射部位靠头部,则引起鸡的肿头。胸肌注射时,采用7—9号的短针头,将针头与注射部位形成15°—30°角,朝背部方向刺入胸肌,切忌垂直刺入,以免刺破胸腔而损伤内脏器官。

(4)冻干苗注射使用时要现用现配,做到苗不离冰,2小时内用完或按疫苗要求时间内用完。

(5)免疫时50只鸡更换一次针头,紧急接种时每只一个针头。

49 油乳剂灭活疫苗免疫不当的原因与后果分别是什么?   如何处理?

(1)肿头

① 原因:油乳剂疫苗颈部皮下注射时,注射部位靠近头部或注射时针头方向朝头部,免疫后5—7天可出现肿头,眼眶周围肿胀发硬,有时下颌肿胀,切开有干酪物或肉芽肿。但鸡群精神往往尚好,采食量下降,无死亡,有用苗史的经3周左右即可恢复。

② 处理:不需要治疗可自愈,或使用抗生素拌饲,防止继发感染

（产蛋期建议选用中药等抗生素替代品）。

（2）猝死

① 原因：胸肌注射时，注射过深刺入肝脏、注入腹腔或进行颈部皮下注射时刺破血管。

② 处理：及时挑出死鸡。

（3）胸肌部位肿胀

① 原因：注射部位过深或注射剂量过大。

② 处理：抗生素拌饲 3—4 天（产蛋期建议选用中药等抗生素替代品）。

（4）注射部位坏死或干酪样物

① 原因：注射部位细菌感染或注射器消毒不严或疫苗污染。

② 处理：头孢噻肟钠等抗生素拌饲 4—5 天，个别严重的进行注射治疗（产蛋期建议选用中药等抗生素替代品）。

（5）脖子变形

① 原因：油苗注射在颈部肌肉上面。

② 处理：挑出单独饲喂，同时使用头孢噻肟钠等抗生素拌饲 4—5 天（产蛋期建议选用中药等抗生素替代品）。

（6）跛行

① 原因：腿部肌肉注射过深或部位不准，注射在肌腱上。

② 处理：挑出单独饲养，同时使用头孢噻肟钠等抗生素拌饲 4—5 天（产蛋期建议选用中药等抗生素替代品）。

（7）颈部肿胀

① 原因：注射剂量过大或注射在胸腺上。

② 处理：挑出单独饲养，同时使用头孢噻肟钠等抗生素拌饲 4—5 天（产蛋期建议选用中药等抗生素替代品）。

（8）产蛋鸡免疫注意事项

① 注射部位要准确，防止注射过深。

② 操作不能过于粗暴,注射速度要慢,不要追求速度。

③ 保证鸡群良好的体质:正常免疫后也会造成一定的应激反应,鸡群如果体质太差,对注射疫苗表现的会更加敏感,造成产蛋率大幅下降。

④ 防止应激的叠加:单一的应激刺激会造成产蛋鸡一定的产蛋率下降,但如果两种或两种以上的应激同时给产蛋鸡以刺激,则会表现出比较明显的产蛋率下降,如两种疫苗同时免疫,换料与免疫同时进行,转群与免疫同时进行等。

⑤ 免疫的时间:由于产蛋时间一般在上午,因此如果上午接种疫苗容易造成产蛋率下降,应选择在下午或晚上注射。

⑥ 疫苗的质量:应选择质量稳定、应激反应小的疫苗。

油苗免疫是我们生产管理中非常重要的一环,免疫中一旦出现失误,损失则较大。在整个免疫过程中一定要认真操作,对免疫操作者要严格培训,提高操作者的技能和责任心。切忌为追求免疫速度而影响免疫质量,好的疫苗只有通过合理科学的使用才会发挥出疫苗的最大效力。

50　什么是饮水免疫法?

饮水免疫是指将可以口服的疫苗溶于水中给蛋鸡短时间内饮用完。疫苗病毒通常会经过动物的腭裂、鼻腔和肠道而使其获得局部和全身的免疫(图 4 - 11)。

图 4 - 11

51 饮水免疫法的优缺点有哪些？

饮水免疫法的优点是省时又省力而且操作相对简单,对蛋鸡不会产生太大的应激刺激。但是此种免疫方式的缺点就是不能保证所有的蛋鸡都饮入相同量的疫苗,导致实际的免疫效果呈现参差不齐的状态。

52 饮水免疫法适用性有哪些？

饮水免疫法适合于鸡新城疫、法氏囊病等弱毒疫苗的免疫。

53 饮水免疫法应该怎样操作？

免疫前进行控水,应根据季节不同调整控水时间,天气较热时停水 1—1.5 小时,其他时节停水 2—3 小时,但是寒冷的冬季可以适当将停水时间稍微地延长。如果环境温度过高又恰逢产蛋高峰期,则不能给蛋鸡实行停水操作。将冻干苗用稀释液稀释,免疫时在水中加入 0.2% 脱脂奶粉以消除影响免疫的因素。夏天饮水免疫最好在早晨进行,这样疫苗使用时不受高温的影响;而其他季节,多在中午进行。饮水器必须充足,应保证鸡群同时能饮到疫苗。

表 4-1　不同周龄蛋鸡饮水免疫的饮水量　　单位:毫升/只

周龄	1 周	2 周	3 周	4 周	5 周	6—10 周	10—16 周
冬天	2—4	5—8	11—13	14—16	18—20	20—27	27—37
夏天	4—8	10—16	22—26	28—32	36—40	40—54	54—74

54 饮水法免疫法的注意事项有哪些？

（1）饮水免疫前必须将饮水器清洗干净。

（2）免疫前后 48 小时内禁用一切消毒剂和洗涤剂。

（3）饮水器具应放在阴凉处,避开强光线和热。

（4）在夏天，应选择清早进行免疫。

（5）免疫前视天气情况停止饮水 2 小时，免疫后 30 分钟再正常供水。

（6）为确保免疫效果，应在 2 小时内让所有小鸡饮下足够的疫苗剂量。

（7）应使用清洁、不含氯和铁的水。

（8）禁止使用金属器具，一般使用塑料饮水器和塑料桶配制疫苗。

（9）饮水免疫剂量必须适当加大，一般为注射剂量的 2—3 倍。

55 什么是刺种免疫法？

刺种免疫法是应用特定的接种针蘸取疫苗，然后刺种于蛋鸡翅内侧无血管处的翼膜内，从而刺激蛋鸡机体产生相应的免疫力。

56 刺种免疫法的优缺点有哪些？

优点：剂量准确，产生免疫保护快，效果确实可靠。

缺点：耗费劳动力较多，对鸡群应激较大。

57 刺种免疫法的适用性有哪些？

刺种法适合鸡痘冻干疫苗或喉痘二联活疫苗等。

58 刺种免疫法应该如何操作？

将接种针充分插入疫苗溶液中，待针槽充满液体后，将针轻靠小瓶内壁，除去附在针上的多余液体。轻轻展开鸡翅，将针插入鸡翅翼膜内侧，避开血管。刺种针勿接触鸡的羽毛，刺种时应小心拨开鸡羽，注意勿伤及肌肉、关节、血管、神经和骨头。给 2 周龄以下小鸡接种时，最好每接种一瓶疫苗（500、1000 只鸡）换一枚刺种针，1000 只鸡使用 15 毫升稀释液，勿用不合适的针接种疫苗。注意针槽勿向下，免疫后 7 天观察接种部位是否出现结痂（见图 4-12，图 4-13）。

图 4－12

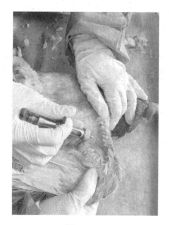

图 4－13

59 刺种法免疫时注意事项有哪些?

（1）疫苗稀释后要在最短的时间内用完,使用过程中让疫苗处在冰浴水中。

（2）刺种时,应保证刺种部位无羽毛,防止药液蘸在羽毛上,造成剂量不足。防止刺种针手柄浸入疫苗溶液造成污染。

（3）刺种 7 天后及时检查接种部位有无"结痂"情况,以评价免疫效果。结痂较差时,应及时补充免疫。

60 什么是滴入免疫法?

滴入免疫法指将疫苗滴入眼结膜和鼻黏膜上,通过眼结膜和呼吸道吸收进入鸡体内从而获得免疫的方法,主要分为滴鼻法、点眼法。

61 滴入免疫法的优缺点有哪些?

优点:生产中给幼雏鸡采用此种免疫法能够有效地避免或减少疫苗病毒被母源抗体中和的情况,保证每只鸡都可以获得剂量一致的免疫。

缺点:对鸡机体的局部产生的免疫作用通常很大,并且费时费力。

62 滴入免疫法适用性有哪些?

滴入免疫法适用于一些呼吸道疾病疫苗,如新城疫、传染性支气管炎等弱毒苗。

63 滴入免疫法应如何操作?

将疫苗用专用稀释液稀释,用消毒过的滴管吸取疫苗稀释液,滴入小鸡鼻孔或眼内,每只鸡滴 1—2 滴,每滴约 25—30 微升。以无菌稀释液溶解所需的疫苗量(通常 1000 份疫苗使用 30 毫升稀释液),通常在稀释液中加着色剂,并附带一种专用滴嘴,使用标准滴嘴将 1 滴溶解好的疫苗溶液自 1—3 厘米的高度滴入鸡的眼睛或鼻孔内,免疫时滴嘴不得接触眼球,以免损伤眼睛。滴鼻免疫时,用指头封住一侧鼻孔,以确保疫苗能更好地从另一侧鼻孔吸入(图 4 - 14、图 4 - 15)。

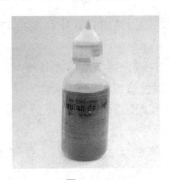

图 4 - 14

图 4 - 15

64 滴入免疫法的注意事项有哪些?

(1) 疫苗的稀释液可用凉白开水、蒸馏水或特定稀释液。疫苗现用现配,疫苗在使用过程中保持冰浴,稀释液要保存在低温室或冰箱中。

(2) 滴入时,把鸡的头颈提起,呈水平位置,用手堵住一侧鼻孔,然后将疫苗液滴到眼和鼻内,稍停片刻,使疫苗液吸入鼻和眼内。注意不要使疫苗液外溢,否则,应补滴。接种过程中,要始终保持滴嘴绝对垂直,以确保每滴疫苗的接种剂量保持恒定(注意疫苗瓶角度),必须确保每只鸡都接种到正确的疫苗量。

(3)为减少应激,最好在晚上接种或光线稍暗的环境下接种。对反应较重的疫苗如传喉疫苗,使用时可在每毫升稀释液中添加1000—2000单位青、链霉素,可明显缓解副反应。

65 什么是气雾免疫法?

气雾免疫法是指将疫苗通过气雾发生器加以稀释之后进行喷射,这样能够将疫苗雾化粒子均匀地悬浮在空气中,蛋鸡在正常呼吸的时候可以吸入肺内从而获得相应的免疫。

66 气雾免疫法的优缺点有哪些?

给蛋鸡采用气雾免疫的方式可以诱导其呼吸道的局部免疫,还可以获得全身性的免疫应答,而且相比较其他方法能在更短的时间内产生免疫力。气雾免疫适用于大群蛋鸡的免疫。但气雾免疫的缺点是会干扰鸡群,通常会导致慢性呼吸道疾病及气囊炎的病情加重,而且气雾免疫法有严格的操作要求,容易出现因操作不当导致的免疫失败。

67 气雾免疫法适用性有哪些?

气雾免疫法适用于新城疫克隆30、传染性支气管炎等弱毒疫苗。

68 气雾免疫法的操作方法是什么?

喷雾时将门窗关严,停止使用抽风机。喷雾20—30分钟后,方可开窗,鸡体有略湿的感觉。1日龄鸡群喷雾,雾滴要大,一般在80—120微米,喷头距鸡头高度20—30厘米,1 000只鸡疫苗液体量200—300毫升。7日龄以上的鸡群,雾滴要小,一般在30—50微米,喷头距鸡头高度1米左右,1 000只鸡疫苗液体量300—500毫升。

(1)1日龄雏鸡的喷雾免疫:全自动喷雾免疫,最常用的疫苗是新城疫、传染性支气管炎等疫苗,局限在孵化室内使用,用来稀释疫苗的水量,取决于喷雾器的类型及型号,每小时可免疫近万只鸡。

（2）较大鸡只的气雾免疫:使用专用喷雾器械,调整喷头大小即可,使用水的剂量为 1 000 羽份疫苗兑 500 毫升蒸馏水,具体可参考表 4 - 2。

表 4 - 2　喷雾免疫雾滴大小与蛋鸡日龄的关系

免疫方法	喷雾免疫	气雾免疫
气雾颗粒	雾滴直径 80—120 微米	雾滴直径≤50 微米
到达部位	上呼吸系统	下呼吸系统
使用日龄	1 日龄雏鸡可使用	≥7 日龄可使用

69　气雾免疫法的注意事项有哪些?

（1）喷雾免疫应在封闭的鸡舍内进行,有通风设备的鸡舍,要关闭通风设备一段时间后,再进行免疫。开放式鸡舍应该用防风窗帘封闭再喷雾,否则达不到免疫效果。

（2）喷雾时,鸡舍内光线应该调暗些,有窗户的鸡舍宜在黄昏进行喷雾免疫。

（3）免疫后,要彻底清洗接种器械的内外部,最好用热水清洗。

（4）操作人员使用防护面罩保护口鼻,以防对免疫人员造成伤害。

（5）喷雾免疫的稀释液禁止使用生理盐水,应用蒸馏水、凉开水。

（6）注意鸡舍的温度和湿度:气雾免疫时较合适的温度是 15—25 ℃,温度再低些也可以进行,但一般不要在环境温度低于 4℃ 的情况下进行。如果环境温度高于 25℃,雾滴会迅速蒸发而不能进入鸡的呼吸道。如果要在高于 25℃ 的环境中进行气雾法免疫,可以先在鸡舍内喷水,提高鸡舍内空气相对湿度后再进行。在天气炎热的季节,气雾免疫应在早晚较凉爽时进行,而且喷雾时要求相对湿度 70% 以上,若低于此湿度,则可在鸡舍内洒水或喷水。

（7）注意疫苗用量和疫苗稀释液使用量:气雾免疫时,疫苗使用的剂量应加倍,雾滴大小与鸡的日龄有关,日龄越小,雾滴越大,具体可参考第 68 问表 4 - 2。

五、蛋鸡场免疫程序的制定

70 什么是蛋鸡场的免疫程序？

在蛋鸡饲养的整个过程中有许多疫病需要预防，各蛋鸡场根据本场饲养蛋鸡的品种、饲养方式，以及当地疫病流行情况确定要预防什么病、什么时候预防、怎样预防，并制定解决这些问题的免疫计划，从而逐步形成了免疫程序。

71 制定蛋鸡场免疫程序的依据有哪些？

制定合理的免疫程序是正确使用疫苗的关键环节，而在制定免疫程序时除了依据本场的实际情况和参考成功的经验之外，还需考虑多方面因素的影响，如在不同的养殖场、不同的饲养方式、不同的区域等情况下，免疫程序也不可能完全一样。

（1）本地区疫病流行情况

选择疫苗时应充分考虑到可能在本地暴发及将要流行的主要疫病血清型，如禽流感、马立克氏病、鸡新城疫、法氏囊、传支、传喉等已在大部分地区有过不同程度的流行，且又无特效药物治疗的疫病，因此应将上述疾病的防控纳入预防免疫。

（2）本场的发病史和流行病学血清型

不同的疾病有不同的发展规律。有的疾病对各种日龄的鸡都有致病性，而有的疾病只危害某一日龄的鸡，如新城疫、传支对各种日龄的鸡都易感,而减蛋综合征只危害产蛋高峰期的蛋鸡,法氏囊主要危害青年鸡。因此,应考虑在不同日龄进行不同疾病的免疫,而且免疫时间应计划在本场发病高峰期前进行,这样既可以减少不必要的免疫次数,又可把不同疾病的免疫时间分开,避免了同时接种疫苗所导致的相互干扰及免疫应激。

(3)抗体水平的变化规律

当蛋鸡体内抗体水平较高时接种疫苗会中和原有抗体水平,免疫效果不理想,当抗体水平较低时接种又会有空白期出现,因此在抗体水平达到临界线前免疫比较合理。养殖场可以根据抗体监测或疫苗产生抗体水平的规律估计抗体水平,确定免疫日龄。

(4)饲养管理水平

饲养管理水平低的蛋鸡场受到病原污染的概率高于饲养管理水平高的场,因此在制定免疫程序时就应该考虑周全,以使免疫程序更加合理。

(5)疫苗特性

疫苗一般有活苗与灭活苗、单价苗与多价苗,以及强毒苗与弱毒苗等多种类型。不同的疫苗免疫期与免疫作用不一样,所以应根据疫苗特性选苗(比如一般应先用毒力弱的疫苗作基础免疫,再由毒力稍强的疫苗进行加强免疫,这样效果更佳);同时建议各蛋鸡场选择正规厂家提供的弱毒活疫苗(最好是单苗)进行基础免疫,选用灭活疫苗进行加强免疫(在发病严重地区用单苗,在安全地区可选用联苗),对于一些血清型变异较大的疾病,如禽流感、鸡传染性支气管炎、鸡法氏囊病等可选用地方毒株制备的灭活疫苗进行加强免疫,这样效果更佳。

(6)合理的免疫途径

制定免疫程序时应考虑合理的免疫途径,同一疫苗的不同途径,可以获得截然不同的免疫效果。正规疫苗生产企业提供的产品均附有使用说明,免疫应该根据使用说明进行。一般情况下活苗采用滴鼻、点眼、饮水、喷雾、注射免疫,灭活苗则需肌肉或皮下注射。合适的免疫途径可以刺激机体尽快产生免疫力,不合适的免疫途径则可能导致免疫失败,如油乳剂灭活苗不能用饮水、喷雾免疫洁,否则容易造成严重的呼吸道或消化道障碍。同一种疫苗用不同的免疫途径所获得的免疫效果也不一样,如新城疫,滴鼻、点眼的免疫效果比饮水好。

(7)季节因素

有些传染病发病有一定的季节性和阶段性,因此,需根据这些疾病的发病季节特点制定合理的免疫程序。如肾型传支多发于寒冷的冬季,因此冬季饲养的鸡群应选择含有肾型传支病毒弱毒株的疫苗进行免疫。

72 育雏鸡的参考免疫程序是什么?

育雏鸡是指日龄在1—40天的蛋鸡,编写人员查阅相关资料并结合实践经验,推荐免疫程序如下:

1日龄颈部皮下注射马立克疫苗0.1毫升/羽和喷雾新-支二联疫苗;5日龄肌注新-支-流三联疫苗0.4毫升/羽;8日龄饮水鸡毒支原体疫苗1羽份;10日龄饮水新-支二联疫苗1.5羽份;14日龄饮水法氏囊疫苗1.5羽份;18日龄肌注重组禽流感病毒(H5+H7)三价灭活疫苗0.5毫升/羽;20日龄刺种鸡痘疫苗2羽份;25日龄饮水法氏囊疫苗1.5羽份;30日龄饮水新-支二联疫苗2羽份;40日龄肌注新-支-流三联疫苗0.5毫升/羽。

73 育成鸡的参考免疫程序是什么?

育成鸡是指日龄在41—120天的蛋鸡,编写人员查阅相关资料并结合实践经验,推荐免疫程序如下:

48日龄肌注重组禽流感病毒(H5+H7)三价灭活疫苗0.5毫升/羽(二免);50日龄饮水传染性喉气管炎疫苗2羽份;65日龄饮水新-支二联疫苗2羽份;85日龄肌注重组禽流感病毒(H5+H7)三价灭活疫苗0.5毫升/羽(三免);95日饮水传染性喉气管炎疫苗2羽份;105日龄饮水新-支二联疫苗2羽份;110日龄肌注减蛋综合征疫

苗 0.5 毫升/羽;115 日龄肌注新-支-流三联疫苗 0.5 毫升/羽。

74 产蛋鸡的参考免疫程序是什么?

产蛋鸡是指日龄在 121—500 天的蛋鸡,编写人员查阅相关资料并根据实践经验,推荐免疫程序如下:

122 日龄肌注重组禽流感病毒(H5＋H7)三价疫苗 0.5 毫升/羽;140 日龄饮水新-支二联疫苗 2 羽份;以后每隔 100 天左右依据抗体情况补免四系苗、新流、重组禽流感病毒(H5＋H7)三价疫苗。

75 商品蛋鸡免疫参考程序有哪些?

商品蛋鸡免疫参考程序见表 5-1。

表 5-1 商品蛋鸡免疫程序(参考)

日龄	疫苗名称	免疫方式	剂量	备注
1	马立克	注射	1 倍	
1—3	新-支(QS)二联	喷雾或饮水	2 倍	
8	(毒)支原体	饮水	0.9—1 羽份	
9	新流法腺四联油苗	注射	0.5 毫升	
13	鸡痘	刺种	2 羽份	
15	H5＋H7N9 三价苗	注射	0.3 毫升	
18	滑液囊支原体油苗	注射	0.3 毫升	
25—28	新-支二联	喷雾或饮水	2 倍	
39	新-支-流	注射	0.5 毫升	
42	H5＋H7N9 三价苗	注射	0.5 毫升	
45	鼻炎油苗	注射	0.5 毫升	
50	传染性喉炎	饮水	2 倍	发过喉炎的场用
50—55	新-支二联	饮水	2 倍	
80	H5＋H7N9 三价苗	注射	0.5 毫升	

日龄	疫苗名称	免疫方式	剂量	备注
85	脑痘（脑脊髓炎）	刺种	1 倍	一般在性成熟前免疫
105	新-支-减-流油苗	注射	0.6 毫升	
115	传染性喉炎	饮水	2 倍	发过喉炎的场用
118	H5＋H7N9 三价苗	注射	0.5 毫升	在产蛋前免疫
120	鼻炎油苗	注射	0.5 毫升	
121	新-支二联	饮水	2 倍	
135	新-支-流	注射	0.5 毫升	
250	新城疫、H5＋H7N9	注射	0.8 毫升	间隔 4 个月一次免疫
280	新-流	注射	0.5 毫升	间隔 4 个月一次免疫

六、影响疫苗免疫效果的因素

76 什么是免疫应答？

免疫应答是一种受多种因素影响的生物学过程,其强度呈正态分布。

77 什么是免疫失败？

免疫后如果群体抵抗力弱,则会发生较大的疾病流行,造成免疫失败。所谓的免疫失败,是机体免疫过程中由于某一种或几种原因造成的群体或个体未达到预期的免疫效果,而呈现的一种不健康状态的表现形式。从狭义上讲,疫苗免疫过的动物机体不产生相应的免疫应答或免疫应答显著减弱,并由此造成不能预防相应疾病的现象称为免疫失败。

78 导致免疫失败的主要因素有哪些？

很多养殖场碰到这种情况往往只是怀疑疫苗的质量问题,实际上导致免疫失败的因素很多,具体原因有:

(1) 遗传因素

动物机体对接种抗原的免疫应答在一定程度上是受遗传控制的,因此不同品种,甚至同一品种不同个体之间对同一抗原的免疫反应也是有强有弱。如鸭对禽流感抗原不敏感。

(2) 管理因素

管理因素包括动物生长的温度、湿度、通风状况、环境卫生及消毒情况等。恶劣的环境会使动物出现不同程度的应激反应,应激也是一种免疫抑制,从而影响免疫效果。

(3)免疫抑制病

有些疾病严重影响疫苗的免疫效果,如马立克氏病、传染性法氏囊病、鸡毒支原体、禽流感等免疫抑制性疾病的感染及霉菌毒素的污染等,都会直接导致其他疫苗的免疫失败。

(4)营养状况

维生素、微量元素、氨基酸等营养物质的缺乏都会使机体的免疫能力下降。

(5)病原变异

病原变异,如出现新的血清型、新的变异株或新的超强毒。而免疫所用的疫苗毒株(菌株)的血清型与致病病原的不同,就难以取得理想的免疫效果。

(6)母源抗体

母源抗体是蛋鸡出生后通过卵黄获得的一种抵抗外来特定病原体的抗体,也能够抵抗和干扰疫苗。高水平的母源抗体将会中和疫苗中的抗原。因此最好能测定饲养蛋鸡的母源抗体水平以确定首免日龄(表6-1)。另外使用疫苗时最好选用受母源抗体影响小的疫苗,如法氏囊病可优先考虑法氏囊亚单位疫苗。

表6-1　母源抗体半衰期和首免时间

抗体名称	半衰期(日龄)	首免时间(日龄)
新城疫母源抗体	4.5	5—7
传染性法氏囊病母源抗体	10	14
传染性支气管炎母源抗体	3.5	5—7

(7)野毒早期感染或强毒株感染

动物接种疫苗产生免疫力需要一定的时间,在这个时间段恰恰是一个危险期,一旦有野毒入侵感染强毒,就会导致疾病的产生,造成免疫失败。

（8）乱用药物

使用弱毒疫苗前后几天不能进行喷雾或饮用水消毒,不能使用抗病毒药物或抗菌药物,以免杀灭弱毒活疫苗或降低机体的免疫应答能力。

（9）疫苗的影响

① 疫苗被污染:所用疫苗在生产过程中被可以垂直传播的病原微生物污染,如含有网状内皮组织增殖病病毒、鸡贫血病毒等。建议最好使用 SPF(Specific pathogen free,即"无特定病原体";SPF 鸡蛋是由无特定病原体的鸡下的,故称为"无特定病原体鸡蛋")蛋为原料生产的疫苗。

② 疫苗质量达不到规定效价:弱毒疫苗应保证每羽份含有足够量的疫苗活毒,灭活疫苗必须有足够的抗原量,油佐剂灭活疫苗的形状必须稳定。

③ 疫苗的保存和运输:保存和运输不当会使疫苗质量下降,甚至失效。

④ 疫苗的使用:在疫苗的使用过程中有许多因素影响免疫效果。例如接种途径不正确、免疫程序不合理、免疫所用的器具和稀释液不符合要求、同一瓶疫苗持续使用时间过长、免疫剂量不均匀等等。不当的免疫方法无法保证动物能获得良好的免疫效果。

⑤ 疫苗间干扰作用:将两种或两种以上的疫苗同时接种时,机体可能会对其中一种抗原的免疫应答显著降低,从而影响这些疫苗的免疫接种效果。如不能将新城疫冻干疫苗和传染性支气管炎冻干疫苗混合使用,否则会影响新城疫的免疫效果。

⑥ 疫苗稀释剂:疫苗稀释剂未经消毒或受到污染而将杂质带进疫苗;有时随疫苗提供的稀释剂存在质量问题;饮水免疫的饮水器未消毒、清洗或饮水器中含消毒药等都会造成免疫不理想或免疫失败。

鉴于以上种种原因,建议大家一定要选择信誉良好的知名企业生产、有农业农村部正式批准文号的疫苗,并严格按照说明书的要求进行运输、贮藏和使用。同时更应选择健康的鸡苗、加强饲养管理、提供全价的饲料,保证鸡群有一个健康的体质。

七、免疫效果的监测

79 什么是免疫效果监测？

免疫效果监测，即对鸡群进行疫苗免疫后产生的特异性抗体效价的监测。开展蛋鸡场免疫效果的监测，及时了解蛋鸡主要疾病的免疫状况、免疫抗体消长规律，以及流行规律和疫情动态；开展蛋鸡场免疫效果与疫病疫情分析评估，评估影响免疫效果的因素与蛋鸡场疫病发生的风险；开展补免或对蛋鸡疫病的发生进行预警和预报，调整免疫程序，制定合理的防控措施，做好蛋鸡场疫病免疫等的防控工作。

80 怎样开展蛋鸡免疫效果监测采样？

（1）采样时间

在疫苗免疫3—4周后，对鸡群开展随机抽样，或跟踪疫苗效果，定期监测鸡群的免疫抗体效价。根据疫病流行率和置信水平按比例抽取，可参考《场群内个体抗体监测抽样数量表》（见附录1）确定监测数量。

采集血样前，要认真查阅鸡群养殖档案，了解防疫信息和健康状况。采样最好在投放饲料前进行，一般采用鸡翅静脉采血方式，如果鸡群日龄较小，可采用心脏采血。血样采集后在保温容器中在4—8℃条件下冷藏运输，保温容器必须密封，防止渗漏，严禁暴晒，并于24小时内送达实验室。样品送达实验室后要立即进行血清分离，分离前，在室温放置2—4小时，环境温度较低时，在恒温培养箱37℃环境下放置1小时后，2000转每分钟离心10分钟取上清，备用，留样—20℃冷冻保存，保存时间一般为6个月（图7-1，图7-2）。

图 7 - 1

图 7 - 2

（2）采样注意事项

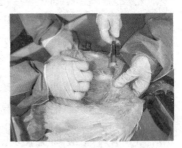

图 7 - 3

每只鸡采血量不少于 2 毫升,样品采集后填写采样单(见附录2),特别是被采鸡群的背景信息,即免疫时间、免疫次数、免疫剂量、疫苗品种和生产厂家名称及批号等情况。每份样品要进行编号,采样单与样品的编号一致,连续编号。可以采用:区名第一个字母＋动物品种代码＋时间＋序号,动物品种鸡代码为其英文第一个字母 C,如某某区鸡血样共 30 份,则编号为"mmC20200326/1—30"。采样人员要做好自身防护,采样时穿工作服或防护服,戴手套、口罩,采样后应及时进行卫生消毒(图7-3)。

81 蛋鸡免疫效果的检测方法有哪些?

图 7 - 4

按照《高致病性禽流感诊断技术》(GB/T 18936—2020),经血凝抑制试验(HI)检测 H5、H7 亚型禽流感抗体,按照《新城疫诊断技术》(GB/T 16550—2020),经血凝抑制试验(HI)检测新城疫抗体,同时用血凝抑制试验(HI)检测 H9 亚型禽流感抗体。

按照行业标准、地方标准或企业相关标准,用 ELISA 方法对法氏囊、传染性支气管炎、传染性喉气管炎、减蛋综合征、支原体、腺病毒等蛋鸡疾病进行检测(图 7 - 4)。

82　怎样进行蛋鸡免疫效果的判定?

图 7 - 5

对灭活疫苗免疫的蛋鸡,免疫 21 天后 H5、H7、H9 亚型禽流感抗体 HI 抗体效价≥4log2 为免疫合格;对灭活疫苗免疫的蛋鸡,免疫合格个体数量占群体总数的 70%(含)以上为群体免疫合格。新城疫免疫 21 天后,抗体效价≥5log2 判定为合格,免疫合格个体数量占群体总数的 70%(含)以上为群体免疫合格。经 ELISA 方法检测法氏囊、传染性支气管炎、传染性喉气管炎、减蛋综合征、支原体、腺病毒等蛋鸡疾病按照试剂盒说明书的判定标准,阳性即为合格,同时免疫合格个体数量占群体总数的 70%(含)以上为群体免疫合格(图 7 - 5)。

83　蛋鸡免疫抗体检测不合格怎样处理?

针对蛋鸡免疫抗体检测不合格的样品,首先查看采集的样品是否符合检测质量标准,对不符合检测标准的,应对同一蛋鸡群再次进行采样检测。

对符合检测标准的立即进行检测复核,复核确认不合格的:一是查看采样单信息,核实疫苗注射后是否达到检测时间(如新城疫免疫后是否满 21 天),对不满检测时间的不合格群体,应在时间达标后再次采样检测;二是查看鸡群免疫记录,排查是否有疫苗保存不当、免疫注射不规范、免疫剂量不足、免疫程序执行不到位等因素,确因上述因素导致抗体不达标的,立即按照规范进行补免和再次采样检测。

八、蛋鸡免疫相关政策及规定

84 饲养蛋鸡一定要免疫疫苗吗?

饲养蛋鸡要免疫疫苗。免疫疫苗是蛋鸡饲养者的法定防疫责任和义务。

《中华人民共和国动物防疫法》(简称《动物防疫法》)(2021年1月22日第十三届全国人民代表大会常务委员会第二十五次会议第二次修订)第三条规定:本法所称动物,是指家畜家禽和人工饲养、捕获的其他动物。本法所称动物疫病,是指动物传染病,包括寄生虫病。第
五条规定:动物防疫实行预防为主,预防与控制、净化、消灭相结合的方针。

第七条规定:从事动物饲养、屠宰、经营、隔离、运输以及动物产品生产、经营、加工、贮藏等活动的单位和个人,依照本法和国务院农业农村主管部门的规定,做好免疫、消毒、检测、隔离、净化、消灭、无害化处理等动物防疫工作,承担动物防疫相关责任。

免疫分为强制免疫和非强制免疫。强制免疫是指蛋鸡饲养者对饲养的蛋鸡应当按照法律和国务院农业农村主管部门的规定要求的病种必须免疫。《动物防疫法》第十六条规定:国家对严重危害养殖业生产和人体健康的动物疫病实施强制免疫。国务院农业农村主管部门确定强制免疫的动物疫病病种和区域。省、自治区、直辖市人民政府农业农村主管部门制定本行政区域的强制免疫计划;根据本行政区域动物疫病流行情况增加实施强制免疫的动物疫病病种和区域,报本级人民政府批准后执行,并报国务院农业农村主管部门备案。非强制免疫是指蛋鸡饲养者对饲养的蛋鸡依照法律和国务院农业农村主管部门的规定要求的预防为主的防疫方针,根据本场实际情况和动物疫病流行特点自主确定病种的免疫。

85　国家对于蛋鸡强制免疫有什么规定?

《动物防疫法》规定了蛋鸡饲养者承担蛋鸡疫病强制免疫主体责任:贯彻预防为主的方针,做好蛋鸡疫病预防工作,执行有关防疫政策和措施,做好蛋鸡疫病强制免疫工作,建立免疫档案与加施畜禽标识,应保证强制免疫质量,强制免疫用生物制品应当符合国家质量标准。

《动物防疫法》第十七条规定:饲养动物的单位和个人应当履行动物疫病强制免疫义务,按照强制免疫计划和技术规范,对动物实施免疫接种,并按照国家有关规定建立免疫档案、加施畜禽标识,保证可追溯。实施强制免疫接种的动物未达到免疫质量要求,实施补充免疫接种后仍不符合免疫质量要求的,有关单位和个人应当按照国家有关规定处理。用于预防接种的疫苗应当符合国家质量标准。

86　未按规定免疫疫苗有怎样的后果?

未按规定免疫疫苗的情形主要有:未按照强制免疫计划免疫接种,未按照免疫技术规范实施免疫接种,未按照规定建立免疫档案,未按照规定加施畜禽标识的,拒绝或阻碍监测、检测和评估。违反法律规定应承担的法律责任的限期改正,可以罚款;逾期不改正的处罚款;承担代为处理所需费用;拒不改正的处罚款,并可以责令停业整顿。《动物防疫法》第九十二条规定:违反本法规定,对饲养的动物未按照动物疫病强制免疫计划或者免疫技术规范实施免疫接种的,由县级以上地方人民政府农业农村主管部门责令限期改正,可以处一千元以下罚款;逾期不改正的,处一千元以上五千元以下罚款,由县级以上地方人民政府农业农村主管部门委托动物诊疗机构、无害化处理场所等代为处理,所需费用由违法行为人承担。第九十三条规定:违反本法规定,对经强制免疫的动物未按照规定建立免疫档案,或者未按照规定加施畜禽标识的,依照《中华人民共和国畜牧法》的有关规定处罚。第一百零八条规定:违反本法规定,从事动物疫病研究、诊疗和动物饲养、屠宰、经营、隔离、运输,以及动物产品生产、经营、加工、贮藏、无害化处理等活动的单位和个人,拒绝或阻碍动物疫病预防控制机构进行动物疫病监测、检测和评估的,由县级以上地方人民政府农业农村主管部门责令改正,可以处一万元以下罚款;拒不改正的,处一万元以上五万元以下罚款,并可以责令停业整顿。

《中华人民共和国畜牧法》(2005 年 12 月 29 日第十届全国人民代表大会常务委员会第十九次会议通过)第六十六条规定:违反本法第四十一条规定,畜禽养殖场未建立免疫档案的,或者未按照规定保存养殖档案的,由县级以上人民政府畜牧兽医行政主管部门责令改正,可以处一万元以下罚款。第六十八条规定:违反本法有关规定,销售的种畜禽未附具种畜禽合格证明、检疫合格证明、家畜系谱的,销售、收购国务院畜牧兽医行政主管部门规定应当加施标识而没有标识的畜禽的,或者重复使用畜禽标识的,由县级以上地方人民政府畜牧兽医行政主管部门或者工商行政管理部门责令改正,可以处二千元以下罚款。违反本法有关规定,使用伪造、变造的畜禽标识的,由县级以上人民政府畜牧兽医行政主管部门没收伪造、变造的畜禽标识和违法所得,并处三千元以上三万元以下罚款。

87　所有的蛋鸡疫病都要求采取免疫的控制措施吗?

结合中华人民共和国农业部公告 第 1125 号(2008 年 12 月 11 日)公布的我国《一、二、三类动物疫病病种名录》及《中华人民共和国动物防疫法》相关规定:

高致病性禽流感、新城疫为一类动物疫病,对人与动物危害严重,需要采取紧急、严厉的强制预防、控制、扑灭等措施。

鸡传染性喉气管炎、鸡传染性支气管炎、传染性法氏囊病、马立克氏病、产蛋下降综合征、禽白血病、禽痘、鸭瘟、鸭病毒性肝炎、鸭浆膜炎、小鹅瘟、禽霍乱、鸡白痢、禽伤寒、鸡败血支原体感染、鸡球虫病、低致病性禽流感、禽网状内皮组织增殖症等 18 种禽病,为二类动物疫病,可能造成重大经济损失,需要采取严格控制、扑灭等措施,防止扩散。

鸡病毒性关节炎、禽传染性脑脊髓炎、传染性鼻炎、禽结核病等 4 种禽病,为三类动物疫病,常见多发、可能造成重大经济损失,需要采取控制和净化措施。

88 我国对高致病性禽流感免疫有哪些规定?

农业农村部关于印发《国家动物疫病强制免疫指导意见(2022—2025 年)》的通知(农牧发〔2022〕1 号)要求:

高致病性禽流感的群体免疫密度应常年保持在 90% 以上,其中应免畜禽免疫密度应达到 100%。高致病性禽流感免疫抗体合格率应常年保持在 70% 以上。

高致病性禽流感免疫动物种类和区域:对全国所有鸡、鸭、鹅、鹌鹑等人工饲养的禽类,根据当地实际情况,在科学评估的基础上选择适宜疫苗,进行 H5 亚型和 H7 亚型高致病性禽流感免疫。对供研究和疫苗生产用的家禽、进口国(地区)明确要求不得实施高致病性禽流感免疫的出口家禽以及因其他特殊原因不免疫的,有关养殖场户逐级报省级畜牧兽医主管部门同意后,可不实施免疫。

89 当前高致病性禽流感免疫使用哪种疫苗?

根据中国动物疫病预防控制中心编制的《2022 年国家动物疫病免疫技术指南》规定,当前高致病性禽流感免疫应选择与本地流行毒株抗原性匹配的疫苗,疫苗产品信息可在中国兽药信息网"国家兽药基础信息查询"平台"兽药产品批准文号数据"中查询。

90 蛋鸡疫病强制免疫"先打后补"疫苗采购有哪些规定？

对于暂未参与"先打后补"试点或目前不符合"先打后补"条件的养鸡场户，所需强制免疫疫苗由蛋鸡养殖者向县级动物疫病预防控制机构申请，由县级动物疫病预防控制机构在省级集中采购中确定的中标企业名单中，选择一定数量的疫苗生产企业进行供应。

对于参与"先打后补"试点的养鸡场户，可根据疫病监测和流行病学调查情况，结合本场实际，自行选择经国家批准使用并符合本地强制免疫病种规定的相关疫苗实施免疫。疫苗产品具体信息可在中国兽药信息网"国家兽药基础信息查询"平台"兽药产品批准文号数据"中查询。同时要关注因疫苗毒株变动或国家和省防疫政策调整等因素导致强制免疫疫苗品种需要调整的信息。

91 养殖者购买或领用的疫苗可以转卖给其他人吗？

养殖者购买或领用的疫苗其目的是自用，不具有经营疫苗的资格，因此，养殖者购买或领用的疫苗只限自用，是不可以转卖给其他人的。如果转卖，其行为是属于无证经营，会受到依法处罚的，即没收违法所得，并处违法经营的兽药（包括已出售的和未出售的兽药）货值金额 2 倍以上 5 倍以下罚款，货值金额无法查证核实的，处 10 万元以上 20 万元以下罚款；构成犯罪的，依法追究刑事责任；给他人造成损失的，依法承担赔偿责任。

《兽用生物制品经营管理办法》(2021 年 3 月 18 日 农业农村部令第 2 号公布，自 2021 年 5 月 15 日起施行)第三条规定：本办法所称兽用生物制品，是指以天然或者人工改造的微生物、寄生虫、生物毒素或者生物组织及代谢产物等为材料，采用生物学、分子生物学或者生物化学、生物工程等相应技术制成的，用于预防、治疗、诊断动物疫病或者有目的地调节动物生理机能的兽药，主要包括血清制品、疫苗、诊断制品和微生态制品等。第十六条规定：养殖场（户）、动物诊疗机构等使用者采购的或者经政府分发获得的兽用生物制品只限自用,不得转手销售。养殖场(户)、动物诊疗机构等使用者转手销售兽用生物制品的,或者兽用生物制品经营企业超出《兽药经营许可证》载明的经营范围经营兽用生物制品的,属于无证经营,按照《兽药管理条例》第五十六条的规定处罚;属于国家强制免疫用生物制品的,依法从重处罚。

《兽药进口管理办法》(2007年7月31日农业部、海关总署令第2号公布,2019年4月25日农业农村部令2019年第2号修订)第二十七条规定:养殖户、养殖场、动物诊疗机构等使用者将采购的进口兽药转手销售的,或者代理商、经销商超出《兽药经营许可证》范围经营进口兽用生物制品的,属于无证经营,按照《兽药管理条例》第五十六条的规定处罚。

《兽药管理条例》(2020年国务院令第726号,自2020年3月27日起施行)第五十六条规定:违反本条例规定,无兽药生产许可证、兽药经营许可证生产、经营兽药的,或者虽有兽药生产许可证、兽药经营许可证,生产、经营假、劣兽药的,或者兽药经营企业经营人用药品的,责令其停止生产、经营,没收用于违法生产的原料、辅料、包装材料及生产、经营的兽药和违法所得,并处违法生产、经营的兽药(包括已出售的和未出售的兽药,下同)货值金额2倍以上5倍以下罚款,货值金额无法查证核实的,处10万元以上20万元以下罚款;无兽药生产许可证生产兽药,情节严重的,没收其生产设备;生产、经营假、劣兽药,情节严重的,吊销兽药生产许可证、兽药经营许可证;构成犯罪的,依法追究刑事责任;给他人造成损失的,依法承担赔偿责任。生产、经营企业的主要负责人和直接负责的主管人员终身不得从事兽药的生产、经营活动。

擅自生产强制免疫所需兽用生物制品的,按照无兽药生产许可证生产兽药处罚。

九、蛋鸡免疫社会化服务

92 蛋鸡免疫社会化服务组织的方式有哪些？

据调查和不完全统计，现有的蛋鸡社会化免疫队伍主要有3类6种形式。

（1）具有法人资格的免疫队伍，主要有2种形式，分别是以免疫为主的独立的兽医服务组织、以乡镇动物防疫机构的编外在岗人员组成的免疫队伍。

（2）依托经营企业的免疫队伍，主要有3种形式，分别是兽药、饲料经营企业者牵头组织的免疫队伍（又分为代卖疫苗饲料和非代卖疫苗饲料2种情况）、养鸡合作社（养鸡公司）牵头组织的免疫队伍。

（3）无法人资格的自由职业者牵头组织的免疫队伍。

93 免疫队伍提供哪些服务内容？

免疫队伍主要是为蛋鸡场提供疫苗的免疫操作，开展滴鼻、点眼、刺种、注射、涂肛等免疫事项，同时还配合开展断喙、抓鸡等服务内容。

94 免疫服务是按照什么标准进行收费的？

据调查，免疫队伍的收费标准主要有4种形式。

（1）按全年定额包干服务方式收费。即根据蛋鸡场的饲养量和提供的免疫操作、免疫档案记录、疾病诊断治疗等服务事项确定年度收费。

（2）按次按人头收费。即根据单次鸡免疫的数量按人头付费，一般每次每人 100—300 元。

（3）按只按项计算收费。即一只鸡的一项免疫方式收取 0.025—0.03 元/只，一只鸡一次断喙 0.03—0.035 元/只。多项合并收费时，一般单项 0.02—0.03 元/只，2 项 0.05—0.07 元/只，3 项 0.07—0.1 元/只。

（4）附加项目加费，即抓鸡每次 0.02—0.03 元/只，对高层鸡笼养殖，需要免疫人员攀爬时，另加 0.01—0.02 元/只。

95　免疫服务费用采用怎样的结算方式？

免疫服务费用结算主要有 3 种形式。

（1）日清日结，每天根据服务内容，按次/只结算，这种方式简单直接，是免疫服务人员最愿意接受的。

（2）在提供免疫服务 3—4 周后，根据免疫抗体的监测结果付费，扣除监测不合格免疫的鸡产生的费用，这种方式一般规模较大的蛋鸡场（户）采用。

（3）定期付款，对年度承包服务的实行按协议定期付款的方式。

十、蛋鸡防疫工作中的人员防护

96 蛋鸡防疫工作中为何要做人员防护？

蛋鸡防疫工作中做好人员防护的目的主要有两个：一是控制工作人员感染禽流感等人畜共患病的风险；二是通过控制人，阻断疫病传入、扩散或传出的途径，降低蛋鸡感染疫病的风险。

97 蛋鸡防疫工作中做好人员防护的基本原则是什么？

蛋鸡场应建立人员防护制度、防护流程、防护工作应急预案，储备必要的防护设施设备和物资，督促本场工作人员严格执行防护制度、落实防护措施、规范防护操作。

从事蛋鸡饲养和防疫工作的人员，须身体健康，无人畜共患病；免疫功能低下、60岁以上和有慢性心脏和肺脏疾病的人员禁止从事与蛋鸡直接接触的工作；杜绝与野鸟直接接触，杜绝与禽类接触后不洗手、不消毒等不良生活行为。

特别是开展蛋鸡疾病临床诊断和免疫操作的人员，必须高度重视个人防护，明确病原污染情况、传播途径等风险隐患，提高防护意识，规范做好个人防护。

98 防疫工作中眼睛防护用具有哪些？

眼睛防护常用眼镜。防护眼镜常见有安全镜和安全护目镜两种。护目镜经消毒、清洗后可重复使用，但要专人专用，不可多人混用。大多数情况，佩戴侧面带有护罩的安全眼镜能够保护人员避免受到大部分操作所带来的损害。工作人员在进行有可能发生化学和生物污染物质溅出的实验时,须佩戴护目镜。

99　防疫工作中头部防护用具有哪些?

头部防护常用帽子。操作感染性材料时必须佩戴帽子。一次性简易防护帽的佩戴方法:要将头发完全包裹在帽子里,尤其是长头发的女性。

100　防疫工作中面部防护用具有哪些?

面部防护常用口罩。普通口罩可以保护部分面部免受生物危害物质如血液、体液、分泌液以及排泄物等喷溅物的污染。碳吸附口罩,内含活性炭,除了可以防止喷溅物的污染,还具有一定的吸附气味的功能,为实验室常用。

正确佩戴口罩:医用口罩绿色面朝外,白色面朝内,内含金属丝的白边为上,不含金属丝的白边为下;两侧挂绳挂在耳朵上,将上下三层褶皱拉开;用手将含金属丝的白边在鼻翼处捏一下定型,使口罩以较好的弧度包裹住面部。

101　防疫工作中手部防护用具有哪些?

手部防护常用 PE 手套和乳胶手套两种。

(1)手套的使用:BSL-1 和 BSL-2 实验室一般情况下,佩戴一副手套即可;若在生物安全柜中操作感染性物质时应佩戴两副手套,里面佩戴 PE 手套,外面佩戴乳胶手套;在操作过程中,外层手套被污染,立即用消毒剂喷洒手套并脱下后丢弃在生物安全柜中的高压灭菌袋中并立即戴上新手套继续实验;戴好手套后应完全遮住手及腕部,并覆盖实验服衣袖。

(2)手套的更换:使用一次性手套,不可重复使用;用后立即进行高压灭菌消毒,然后丢弃;不得戴着手套离开实验室区域;工作人员在完成感染性物质实验,离开生物安全柜之前,应该脱去外层手套丢入生物安全柜内的高压灭菌袋中。

（3）避免手套"触摸污染"：戴手套的手避免触摸鼻子、面部和避免触摸或调整其他个人防护装备（如眼镜等）；避免触摸不必要的物体表面如灯开关、电脑鼠标或门把手等；如果手套撕破应该脱去，在换戴新手套前应清洗手部；注意尽量不去触摸工作台面和其他物品。

（4）戴手套注意要点：在实验室工作中要一直保持戴手套状态并选择正确类型和尺寸的手套；将手插入手套后将手套口遮盖实验服袖。

（5）脱手套过程及注意要点：用一手捏起另一近手腕部处的手套外缘，将手套从手上脱下并将手套外表面翻转入内；用戴着手套的手拿住该手套；用脱去手套的手指插入另一手套腕部处内面；脱下该手套使其内面向外并形成一个由两个手套组成的袋状；丢弃在高温消毒袋中并进行消毒处理。

102　防疫工作中躯体防护用具有哪些？

躯体防护常用防护服。一是应储备足够量的防护服，确保工作人员一直穿防护服开展各项工作。二是清洁的防护服应放置在专用存放处，污染的防护服应放置在有标志的防漏消毒袋中。三是每隔适当的时间应更换防护服以确保清洁。四是当防护服已被危险材料污染后应立即更换。离开实验室区域之前应脱去防护服。非一次性防护服（白大褂）要及时消毒、清洗。

103　防疫工作中足部防护用具有哪些？

足部防护常用鞋套。进入养殖场、无害化处理厂、实验室等场所要穿合适的鞋子和鞋套或靴套。当实验室中存在物理、化学和生物危险因子的情况下，穿合适的鞋子和鞋套或靴套，可以防止实验人员足部（鞋袜）受到损伤。尤其是夏天，我们穿的鞋子比较薄，甚至裸露脚背，在处理病料时一定要注意保护脚背免受污染。

104 人员防护用具穿戴步骤及注意事项有哪些?

步骤 1:洗手,戴口罩,压紧鼻夹,紧贴于鼻梁处,检查口罩密闭性,双手不接触面部任何部位。

步骤 2:戴一次性隔离帽,戴帽子时注意双手不接触面部。

步骤 3:带护目镜(或防护面屏),一手持镜体,将护目镜置于眼部,另一只手将弹性系带拉到头部后方固定,注意双手不接触面部,同时检查面部是否还有暴露部位。

步骤 4:戴里层一次性 PE 手套。

步骤 5:穿防护服,检查防护服是否破损,拉开拉链,将防护服连体帽、衣袖抓在手中,避免与地面接触,先穿下衣,再穿上衣,将连体帽戴好,拉上拉链。

步骤 6:穿长筒乳胶靴。

步骤 7:戴外层乳胶手套,并用手套将反穿隔离衣的袖口扣好。

步骤 8:相互检查防护着装。

105 人员防护用具脱摘顺序及注意事项有哪些?

步骤 1:摘下外层手套,将手套放入黄色污物袋中。

步骤 2:脱防水胶靴,放入消毒袋中。

步骤 3:拉开防护服拉链,摘掉连体帽,脱防护服上衣,脱防护服下衣,将防护服污染面向里,衣领及衣边卷至中央,卷好后,放入黄色污物袋中。

步骤 4:摘下防护目镜,放入消毒袋中。

步骤 5:摘掉隔离帽装入黄色污物袋中。

步骤 6:摘除医用防护口罩装入黄色污物袋中。

步骤 7:摘除里层一次性 PE 手套装入黄色污物袋中。

步骤 8:清点物品,不得遗漏,将消毒袋和黄色污物袋交由消毒人员进行处理。

步骤 9:手消毒后换回个人衣物。

106   防疫工作中人员手部洗消步骤及注意事项有哪些?

采用"七步"洗手法,洗手前应先摘下手上的戒指、手表和其他装饰物,再彻底清洗戴的部位。洗手必须使用流动水,每一步揉搓时间均应大于 15 秒。具体步骤如下:

步骤 1(内):洗手掌,流水湿润双手,涂抹洗手液(或肥皂),掌心相对,手指并拢相互揉搓。

步骤 2(外):洗背侧指缝,手心对手背沿指缝相互揉搓,双手交换进行。

步骤 3(夹):洗掌侧指缝,掌心相对,双手交叉沿指缝相互揉搓。

步骤 4(弓):洗指背,弯曲各手指关节,半握拳把指背放在另一手掌心旋转揉搓,双手交换进行。

步骤 5(大):洗拇指 ,一手握另一手大拇指旋转揉搓,双手交换进行。

步骤 6(立):洗指尖 ,弯曲各手指关节,把指尖合拢在另一手掌心旋转揉搓,双手交换进行。

步骤 7(腕):洗手腕、手臂,揉搓手腕、手臂,双手交换进行。

附　　录

附录1

场群内个体抗体监测抽样数量表

场/群存栏数(头只)	抽样数量(头只)					
	可接受误差					
	5%	6%	7%	8%	9%	10%
50	37	33	30	26	24	21
100	59	49	42	36	30	26
150	72	59	48	40	34	29
200	82	65	53	43	36	30
250	90	70	56	45	37	31
300	95	73	58	46	38	32
350	100	76	59	47	39	32
400	103	78	60	48	39	32
450	106	80	61	49	39	33
500	109	81	62	49	40	33
550	111	82	63	50	40	33
600	113	83	64	50	40	33
650	115	84	64	50	41	33

场/群存栏数(头只)	抽样数量(头只)					
	可接受误差					
	5%	6%	7%	8%	9%	10%
700	116	85	65	51	41	33
750	117	86	65	51	41	34
800	118	86	65	51	41	34
850	119	87	66	51	41	34
900	120	87	66	51	41	34
950	121	88	66	52	41	34
1000	122	88	66	52	41	34
1100	123	89	67	52	42	34
1200	125	89	67	52	42	34
1300	125	90	67	52	42	34
1400	126	90	68	53	42	34
1500	127	91	68	53	42	34
1600	128	91	68	53	42	34
1700	128	91	68	53	42	34
1800	129	92	68	53	42	34
1900	129	92	69	53	42	34
2000	130	92	69	53	42	34

注:按照预期抗体合格率90%,95%置信水平,不同可接受误差条件下、不同规模抽样数量。

附录2

采　样　单

样品名称			样品数量		
样品编号			动物种类		
日龄			代次		
被采样单位	名称		采样单位	名称	
	地址			地址	
	电话			电话	
样品信息	总饲养量		被采群栏存		饲养模式

免疫信息	疫苗名称	疫苗品种	免疫次数	免疫时间（近三次）	剂量	生产厂家	批号

被采样单位盖章

负责人签字：

　年　　　月　　　日

采样单位盖章

采样人签字：

　年　　　月　　　日

附录 3

蛋鸡的免疫操作规程

1 范围

本文件规定了蛋鸡免疫的术语和定义、疫苗效力保证、免疫前的准备、免疫技术、免疫后续工作等的要求。

本文件适用于规模化蛋鸡场的免疫接种。

2 规范性引用文件

下列文件中的内容通过文中的规范性引用而构成本文件必不可少的条款。其中，注日期的引用文件，仅该日期对应的版本适用于本文件；不注日期的引用文件，其最新版本(包括所有的修改单)适用于本文件。

NY/T 1952 动物免疫接种技术规范

3 术语和定义

下列术语和定义适用于本文件。

3.1 免疫 Immune

指特异性免疫，即特定的疫苗促使蛋鸡群产生针对特定病原的特异性抗体。

3.2 疫苗 Vaccine

指由特定细菌、病毒、立克次氏体、螺旋体、支原体等微生物以及寄生虫制成的主动免疫制品。

4 疫苗效力保证

4.1 疫苗的选择

根据鸡群数量和免疫目的，准备足够完成一次免疫接种所需要的、合法生产的、同一批次的、在有效保存期限内的疫苗数量。

4.2 疫苗的运输和贮存

4.2.1 各类疫苗均需按照疫苗标签上的说明保存。对所有疫苗进行"冷链"运输和保存，严禁阳光照射或接触高温。对弱毒(活)疫(菌)苗，无论是冻干苗，还是液体苗，温度越低保存时间越长。油乳剂灭活疫苗在 2—8 ℃运输和保存。

4.2.2　稀释液和疫苗根据说明书分开或混合保存。

4.2.3　疫苗的运输和保存有完善的管理制度。疫苗的入库和发放做好记录。

4.2.4　每批次疫苗需留样,留样时间一般为4—6个月,原则上保留至疫苗有效期结束。留样保存条件与疫苗使用前保持一致。

5　免疫前的准备

5.1　待免疫鸡群的准备

5.1.1　免疫前观察并了解鸡群的健康状况,如有异常,不能进行免疫(紧急免疫除外),紧急免疫时遵循"先健康后疑似再发病"的原则。

5.1.2　免疫通常应在傍晚或晚上进行,饮水免疫应选择早上进行。

5.1.3　免疫前后3 d停止消毒和使用抗菌药。

5.1.4　免疫前后5—7 d饮水中可添加多维和有机酸,以减少应激反应。

5.2　免疫器具和物资的准备

5.2.1　器械消毒

疫苗免疫注射器、针头、滴瓶等要事先清洗,并用沸水煮15—30 min消毒,严禁用消毒药消毒,洗涤剂洗涤后要冲洗干净。

5.2.2　器械检查

检查免疫所需器具是否完好,如注射器、滴瓶、喷雾器具等。

5.2.3　免疫物资

根据参加免疫人员情况准备齐全的防护服或工作服、手套、鞋套或胶靴等个人防护用品,以及消毒药、消毒用具等消毒用品,无害化处理袋或桶。

5.3　疫苗的准备

5.3.1　疫苗核对

仔细阅读使用说明书,充分了解免疫方法、免疫剂量、稀释浓度等,仔细核对疫苗种类、厂家、有效期和物理性状等事项,禁止使用不符合要求的疫苗。

5.3.2　疫苗回温

油乳剂灭活苗要放到30—40 ℃温水中预温到25 ℃或提前置于

室温 4—8 h,严禁日晒回温。

5.3.3　摇匀

将预温的疫苗上下摇动 30 s,免疫过程中要定时摇匀。

5.4　操作人员要求

免疫操作人员需要具备相应专业知识,且身体健康;免疫、保定人员要穿防护服或工作服、穿胶靴或戴鞋套、戴手套,经消毒后才可进入免疫工作区;保定人员从笼中抓鸡时,要抓住鸡的两翅根部,严禁拉扯翅尖。

6　免疫技术

6.1　注射免疫

6.1.1　疫苗稀释

检测疫苗包装是否完好无损及真空度。冻干苗必须现用现配,苗不离冰,用正规匹配的疫苗稀释液进行稀释,严禁用水稀释,严禁直接打开瓶盖造成压力骤增使病原失活,并在 30 min 内用完。

6.1.2　保定

4 周龄前的鸡,采用单人操作,一手保定,一手操作;4 周龄后的鸡,一人保定一人注射。

6.1.3　针头的选择

8 周龄前活苗选 7 号短针头,8 周龄前油苗和 8 周龄后选 9 号短针头。

6.1.4　皮下注射

颈部皮下注射:一手拇指和食指将颈部背侧下 1/3 处皮肤捏起,使皮肤和肌肉之间形成空窝,一手持注射器向颈后部平行刺入空窝的中间。切不可注射到颈部肌肉内,如注射肌肉则会引起鸡缩颈、精神不振、采食下降、消瘦等,如注射靠头部,则会引起肿头。正确注射时,会感到疫苗充盈,如发现颈部羽毛变湿,说明注射时疫苗有外漏发生,应重新补一针。

6.1.5　肌肉注射

胸部肌肉注射:保定人员一手抓住双翅根部,一手抓住鸡两条腿跗关节以上部位,将鸡胸部展开朝向注射人员。注射人员左手由后向前逆向拨开羽毛按在龙骨两端,在龙骨外侧胸部上 1/3 处,即肌肉丰满的地方,针头应与胸骨呈 30°角朝背部方向刺入,切忌垂直刺入,以免刺破胸腔损伤内脏。

腿部肌肉注射:保定人员同样保定鸡只,将鸡腿部朝向免疫人员,操作者左手握住注射腿部,稍向内部扭转并打开羽毛,然后注射小腿上部后外侧肌肉内,该方法易伤血管、神经,慎用。

6.1.6 免疫操作

免疫过程中应经常晃动疫苗瓶保证疫苗均匀,同时防止有空气进入管道;注射时将针头推到位注完疫苗后缓缓拔出,以免疫苗漏出;注射部位要准确,进针深度适宜,动作要轻柔,速度要慢;免疫时每接种一瓶疫苗更换一次针头,经常核对注射器刻度和实际容量的误差。

6.2 饮水免疫

6.2.1 免疫前的准备

饮水免疫前必须将饮水器清洗干净,水线进行冲洗。免疫前控制饮水,根据气温高低、喂料安排免疫前停水 2—6 h。应夜间停水、清晨饮水免疫。

6.2.2 疫苗稀释

6.2.2.1 稀释浓度

饮水免疫的疫苗需在水面下打开瓶盖。按鸡群数量计算饮水量,计算方法按照说明书进行。如果说明书没有明确稀释方法,一般按实际只数的 150%—200% 的量加入疫苗,鸡只的饮水量取决于鸡的日龄,天气炎热季节选择饮水量上限。具体的饮水量参见《动物免疫接种技术规范》(NY/T 1952—2010)表 1。

表 1 饮水免疫时每只雏鸡的加水量

日龄/d	加水量/ml
<5	3—5
5—14	6—10
14—30	8—12
30—60	15—20
>60	20—40

6.2.2.2　稀释用水

稀释疫苗的饮水不得含任何可使疫苗病毒或细菌灭活的物质,如消毒剂、重金属离子等。可用蒸馏水或煮沸后自然冷的自来水,也可按每升自来水加入 0.1—1.0 g 的硫代硫酸钠中和氯离子后再用。配制前在水中加入 0.1%—0.5% 脱脂奶粉后再加入疫苗,搅拌均匀。

6.2.3　免疫操作

饮水温度在 18—22 ℃ 为宜,饮水器应装满,使饮水器内水的深度能够浸润雏鸡鼻腔,甚至眼睛;饮水位置充足,保证鸡群能同时饮到疫苗;确保所有免疫鸡只在 2—3 h 内饮下足够的疫苗剂量;免疫后 30 min 再喂料和正常供水;免疫前后 24 h 内禁用一切杀菌消毒剂或抗病毒药。

6.3　刺种免疫

6.3.1　疫苗稀释

采用疫苗专用稀释液稀释,稀释好的疫苗在 30 min 内用完,使用中让疫苗始终处于冰浴中,避免手握。混合好的疫苗可以分装于小瓶中,液面不少于 1 cm 以浸过刺种针细沟。

6.3.2　免疫操作

6.3.2.1　保定人员一手握住鸡双腿跗关节以上部位,另一手握住一翅,同时托住背部,使其仰卧。

6.3.2.2　注射人员一手握住另一翅尖,一手持接种针插入疫苗溶液中,待针槽充满液体后,将接种针轻靠内壁,除去附在针上多余液体。

6.3.2.3　刺种鸡翅内侧无血管处的翼膜内,刺种时勿伤及肌肉、关节、血管、神经和骨头。

6.3.2.4　刺种时,刺种针勿接触鸡的羽毛,也勿在刺种针上带一些绒毛,同时防止手柄接触疫苗液面造成污染。

6.3.2.5　每接种一瓶疫苗更换一枚刺种针,使用合适的针接种疫苗,针槽勿向下,并经常检查瓶中疫苗液面深度,随时添加疫苗。

6.3.2.6　免疫后 7 d 观察接种部位是否结痂,无结痂或结痂较差时及时补免。

6.4　点眼、滴鼻免疫

6.4.1　疫苗稀释

将疫苗用专用稀释液进行稀释,稀释液中可以加无害着色剂。疫苗现配现用,在使用过程中保持冰浴,要求 1 h 内用完。稀释液要保存在低温室或冰箱中,与疫苗基本无温差,避免高温、全手紧握疫苗瓶或阳光直射。

6.4.2　免疫操作

6.4.2.1　保定人员一手握住鸡体,用拇指和食指夹住其头部把鸡头颈提起,呈水平位置,并堵住苗鸡一侧鼻孔,以确保疫苗能更好地从另一侧鼻孔吸入,另一只手持滴管将配制好的疫苗滴入眼或鼻各一滴,稍等片刻,待疫苗完全吸入,再将鸡放回。

6.4.2.2　如果疫苗液外溢,应补滴,滴种过程中,要始终保持滴嘴绝对垂直向下,确保每滴疫苗的接种剂量保持恒定。

6.4.2.3　免疫时滴嘴不得接触眼球,以免损伤眼睛,不得接触手、鸡等其他部位,以免污染疫苗。

6.4.2.4　为减小应激,应在晚上或光线较弱的环境下进行。

6.5　喷雾免疫

6.5.1　免疫前的准备

喷雾免疫对环境要求高,免疫前必须彻底清扫鸡舍环境,保持鸡舍卫生。

计算公式

$$Do = \frac{DA \times 1000}{tVB}$$

式中:Do——疫苗用量;D——免疫剂量;A——免疫室容积;
　　　1000——动物免疫时的常数;t——免疫时间;V——常数,
　　　动物每分钟吸入空气量;B——疫苗浓度。

6.5.3　疫苗稀释

疫苗用量根据鸡舍面积决定,按 6.5.2 计算好后,用疫苗稀释液将其稀释,装入气雾发生器中。

6.5.4　免疫操作

6.5.4.1　喷雾时将门窗关闭,停止使用风机。舍内温度 15—

25 ℃为宜,如果温度高于 25 ℃,可以先在鸡舍内喷水加湿,否则雾滴会迅速蒸发而不能进入鸡的呼吸道。天气炎热时气雾免疫应在早晚凉爽时进行,而且舍内相对湿度值在 70%。

6.5.4.2　操作人员将喷头保持与动物头部同高,均匀喷射。喷雾时,应将鸡舍内光线调暗些,以减少鸡群应激。操作人员要做好自我防护,佩戴口罩、眼罩,以防造成自身伤害。

6.5.4.3　喷雾 20—30 min 后,方可开窗通风。免疫后,要彻底清洗喷雾设备,内外最好用热水清洗。

7　免疫后续工作

7.1　做好免疫记录

填写免疫登记表,应符合《蛋鸡免疫登记表(规范性)》,完整记录疫苗品名、接种日期、疫苗批号、有效期、生产企业、异常记录和接种者签名。

7.2　免疫后鸡群观察

接种后 2—3 d 内,应留意观察鸡群反应,并记录鸡群异常反应。

7.3　废弃物处理

用过的免疫器具及时进行消毒、洗涤,疫苗瓶等废弃物进行无害化处理。

蛋鸡免疫登记表(规范性)

免疫日期	鸡舍号	存档数	免疫病种	应(缓)免情况			实际免疫情况			免疫剂量	疫苗名称	生产厂家	批号	免疫人员姓名	备注
				应免数	缓免数	缓免原因	首免	二免	第X次免						

注:1. "首免""二免"可在空格内打"√";

2. 第X次免疫是指第二次免疫后的顺次自然数,如 3,4…;

3. 以首次免疫为基础,以批次为单位填写不同的页。

附录4

蛋鸡的免疫抗体监测操作规程

1 范围

本标准规定了蛋鸡免疫抗体监测操作规程的术语和定义,样品的采集、处理及检测过程。

本标准适用于蛋鸡存栏 500 羽以上的养鸡场。

2 规范性引用文件

下列文件对于本文件的应用是必不可少的。凡是注日期的引用文件,仅注日期的版本适用于本文件。凡是不注日期的引用文件,其最新版本(包括所有的修改单)适用于本文件。

GB/T 18936《高致病性禽流感诊断技术》

GB/T 16550《新城疫诊断技术》

DB3201/T 297—2019《家禽翅静脉采血技术规程》

3 术语和定义

下列术语和定义适用于本标准。

3.1 免疫抗体

指鸡体在疫苗刺激下,由免疫系统所产生的、可与相应抗原发生特异性结合反应的免疫蛋白。

3.2 抗体监测

指免疫抗体监测,即对鸡群进行疫苗免疫后产生的特异性抗体效价的监测。

4 样品的采集和处理

4.1 抽样时间

指在疫苗免疫 3—4 周后,定期对鸡群开展随机抽样的时间。

4.2 采样前的准备

4.2.1 确定抽样数量

根据疫病流行率和养殖数量按比例抽取,一般每个鸡群每次抽样不少于 30 份。

4.2.2 安排抽样时间

采样宜在投放饲料前进行,利于血清的分离。

4.3 采样方法

家禽翅静脉采血和心脏采血。

4.4 样品的保存和运输

样品置于保温容器中 4—8 ℃条件下冷藏运输,保温容器必须密封,防止渗漏,严禁暴晒,应于 24 h 内送达实验室。

4.5 血清的分离

样品送达实验室后应立即进行血清分离,分离前,在室温放置 2—4 h,环境温度较低时,可在恒温培养箱 37℃环境下放置 1 h 后,2 000 r/min 离心 10 min。

4.6 检验前准备

4.6.1 样品准备

样品一式 2 份,1 份留样,1 份用于检验。留样时间一般为 6 个月,−20 ℃冷冻保存。

4.6.2 试剂准备

根据检验指标准备相应的试剂,提前 30 min 将试剂从冰箱取出,置于室温回温。

5 样品的检测

5.1 血凝与血凝抑制试验

5.1.1 血凝(HA)试验

5.1.1.1 在微量反应板的 1—12 孔均加入 0.025 ml 生理盐水,换滴头。

5.1.1.2 吸取 0.05 ml 抗原加入第 1 孔,混匀。

5.1.1.3 从第 1 孔吸取 0.025 ml 病毒液加入第 2 孔,混匀后吸取 0.025 ml 加入第 3 孔,如此进行对倍稀释至第 11 孔,从第 11 孔吸取 0.025 ml 弃之,换滴头。

5.1.1.4 每孔再加入 0.025 ml 生理盐水。

5.1.1.5 每孔均加入 0.025 ml 体积分数为 1%的鸡红细胞悬液,配制方法参见《高致病性禽流感诊断技术》(GB/T18936)。

5.1.1.6 振荡混匀,在室温(20—25 ℃)下静置 40 min 后观察结果(如果环境温度太高,可置4℃环境下)。对照孔红细胞将呈明显的纽扣状沉到孔底。

5.1.1.7　结果判定:将板倾斜,观察红细胞有无呈泪滴状流淌。完全血凝(不流淌)的抗原或病毒最高稀释倍数代表一个血凝单位(HAU)。

5.1.2　血凝抑制(HI)试验

5.1.2.1　根据5.1.1.7试验结果配制4HAU的病毒抗原。以完全血凝的病毒最高稀释倍数作为终点,终点稀释倍数除以4即为含4HAU的抗原的稀释倍数。例如,如果血凝的终点滴度为1:256,则4HAU抗原的稀释倍数应是1:64。

5.1.2.2　在微量反应板的1—11孔加入0.025 ml生理盐水,第12孔加入0.05 ml生理盐水。

5.1.2.3　吸取0.05 ml血清加入第1孔内,充分混匀后吸取0.025 ml于第2孔,依次对倍稀释至第10孔,从第10孔吸取0.025 ml弃去。

5.1.2.4　1—11孔均加入含4HAU混匀的病毒抗原液0.025 ml,室温(约20℃)静置至少30 min。

5.1.2.5　每孔加入0.025 ml体积分数为1%的鸡红细胞悬液混匀,轻轻混匀,静置约40 min(室温约20 ℃,若环境温度太高可置4℃条件下进行),对照红细胞将呈明显的纽扣状沉于孔底。

5.1.3　结果判定

以完全抑制4个HAU抗原的血清最高稀释倍数作为HI滴度。只有阴性对照孔血清滴度不大于2log2,阳性对照孔血清误差不超过1个滴度,试验结果才有效。

禽流感个体抗体效价判定标准:HI价≤3log2,判定为免疫抗体不合格;HI价≥4log2为免疫抗体合格。群体抗体效价判定标准:抗体合格率≥70%为符合要求。

新城疫个体抗体效价判定标准:HI价≤4log2,判定为免疫抗体不合格;HI价≥5log2为免疫抗体合格。群体抗体效价判定标准:抗体合格率≥70%为符合要求。

5.2　酶联免疫吸附试验

5.2.1　操作步骤

5.2.1.1　样品准备。将被检血清用稀释液(配制方法参见《高致病性禽流感诊断技术》(GB/T 18936),做 1∶400 稀释。

5.2.1.2　加样。取出抗原包被板,倒掉孔内包被液,用洗液洗 3 次。除 A1、B1、C1 和 D1 孔不加样品,留做空白调零,阴性血清和阳性血清做对照各占 1 孔外,其余孔加 1∶400 稀释的被检血清,每孔 100 μl,将加样位置做好记录,将反应板盖好盖子后置 37 ℃环境下作用 30 min。

5.2.1.3　洗涤。倒掉孔内液体,在吸水纸上控干,每孔加满洗液,静置 1—2 min 后倒掉,控干,再重复洗 2 次。

5.2.1.4　加酶标抗体。除 A1、B1、C1 和 D1 孔外,其他每孔加酶标抗体液 100 μl,盖好盖子后置 37 ℃环境下作用 30 min。

5.2.1.5　洗涤。洗涤方法同 5.2.1.3。

5.2.1.6　加底物。加底物使用液(配制方法参见《高致病性禽流感诊断技术》(GB/T 18936),每孔 90 μl,置室温避光显色 2—3 min。

5.2.1.7　终止。加终止液,配制方法参见《高致病性禽流感诊断技术》(GB/T 18936),每孔 90 μl,使其终止反应。

5.2.2　结果判定

用酶标仪测定每个孔在 490 nm 波长的光密度值(即 OD 值),个体抗体效价判定标准:OD>0.2 则判定为免疫抗体合格;0.18≤OD<0.2,需重复测试 1 次,若仍在此范围则判为免疫抗体合格,OD<0.18 则判定为免疫抗体不合格。群体抗体效价判定标准:抗体合格率≥70% 为符合要求。

6　结果分析

6.1　合格率

合格率=合格数/样品数×100%。

免疫抗体群体合格率应大于等于 70%,即抽检样品中有 70% 以上的样品抗体滴度大于或等于 4log2;否则,视为没有达到预期的免疫效果,应补免。

6.2　离散度

离散度=sqrt((x_1-x)^2 +(x_2-x)^2 +…+(x_n-x)^2)/n),其中 x_n 代表样品检测值,x 代表样品平均值,n 代表样品数。

离散度即所有样品值的标准差,反映的是所有样品检测值与平均值分散开来的程度。离散度越大说明群体免疫抗体效价的整齐度越差,离散度越小说明群体免疫抗体效价的整齐度越好。

6.3　监测曲线的绘制

以免疫时间为横坐标,免疫抗体平均滴度值为纵坐标,绘制免疫抗体平均值曲线。该曲线可以直观地显示群体免疫抗体效价的走势。

6.4　分析报告

根据检验的免疫抗体的合格率、离散度和绘制的监测曲线分析,形成分析报告。

附录 5

中国动物疫病预防控制中心关于印发
《2022 年国家动物疫病免疫技术指南》的通知

疫控防〔2022〕3 号

各省、自治区、直辖市及计划单列市动物疫病预防控制机构,新疆生产建设兵团畜牧兽医工作总站:

按照《国家动物疫病强制免疫指导意见(2022－2025 年)》要求,我中心组织制定了《2022 年国家动物疫病免疫技术指南》。现印发给你们,请参照执行,做好技术指导。

中国动物疫病预防控制中心

(农业农村部屠宰技术中心)

2022 年 1 月 7 日

2022 年国家动物疫病免疫技术指南

为做好动物疫病免疫工作,按照《国家动物疫病强制免疫指导意见(2022—2025 年)》要求,特制定本技术指南。

一、高致病性禽流感

(一)流行形势

2021 年,全球高致病性禽流感流行形势复杂,疫情数量是 2020 年的一倍多,流行病毒亚型主要为 H5N1 和 H5N8 亚型,上半年以 H5N8 亚型为主,9 月份后以 H5N1 亚型为主。我国周边地区高致病性禽流感疫情呈频发态势。2021 年,我国高致病性禽流感流行形势总体平稳,共报告发生 8 起 H5 亚型高致病性禽流感疫情,其中 6 起 H5N8 亚型、1 起 H5N6 亚型和 1 起 H5N1 亚型,均为野禽疫情,疫情呈点状发生态势。从监测情况看,流行的 H5 亚型主要为 H5N6 亚型和 H5N8 亚型,也监测到 H5N1 亚型。从病毒基因看,2021 年流行毒株的 HA 基因主要属于2.3.4.4h和 2.3.4.4b 分支,上半年监测到的毒株以 2.3.4.4h 分支为主,下半年监测到的毒株以 2.3.4.4b 分支为主。H7 亚型高致病性禽流感的 HA 基因同源性未见明显差异。

基于监测数据,预判 2022 年我国高致病性禽流感疫情仍将点状发生,区域性发生的可能性低。H5 亚型高致病性禽流感将同时流行 2.3.4.4b 和 2.3.4.4h 分支病毒,以 2.3.4.4b 分支病毒为主,2.3.2.1 分支流行风险低。H7 亚型高致病性禽流感病毒和 H5 亚型 2.3.4.4h 分支病毒会进一步分化。

(二)疫苗选择

选择与本地流行毒株抗原性匹配的疫苗,疫苗产品信息可在中国兽药信息网"国家兽药基础信息查询"平台"兽药产品批准文号数据"中查询。

(三)推荐免疫程序

1. 规模场

种鸡、蛋鸡:雏鸡 14—21 日龄时进行初免,间隔 3—4 周加强免疫,开产前再强化免疫,之后根据免疫抗体检测结果,每间隔 4—6 个月免疫一次。

商品代肉鸡:7—10 日龄时,免疫一次。饲养周期超过 70 日龄的,需加强免疫。

种鸭、蛋鸭、种鹅、蛋鹅:14—21 日龄时进行初免,间隔 3—4 周加强免疫,之后根据免疫抗体检测结果,每间隔 4—6 个月免疫一次。

商品肉鸭、肉鹅:7—10 日龄时,免疫一次。

鹌鹑等其他禽类:根据饲养用途,参考鸡的免疫程序进行免疫。

2. 散养户

春秋两季分别进行一次集中免疫,每月定期补免。有条件的地方可参照规模场的免疫程序进行免疫。

3. 紧急免疫

发生疫情时,对疫区、受威胁区的易感家禽进行一次紧急免疫。边境地区受到境外疫情威胁时,结合风险评估结果,对高致病性禽流感传入高风险区的家禽进行一次紧急免疫。最近 1 个月内已免疫的家禽可以不进行紧急免疫。

（四）免疫效果监测

1. 检测方法

采用 GB/T18936－2020《高致病性禽流感诊断技术》规定的血凝试验（HA）和血凝抑制试验（HI）方法检测高致病性禽流感病毒 H5 和 H7 亚型抗体。

2. 免疫效果评价

免疫 21 天后,HI 抗体效价不低于 1∶16（2^4 或 4log2）,判定为个体免疫合格。免疫合格个体数量占免疫群体总数不低于 70％,判定为群体免疫合格。

二、口蹄疫

（一）流行形势

全球口蹄疫主要在非洲、中东、亚洲及南美洲部分地区流行。口蹄疫病毒的 7 个血清型中,O 型和 A 型流行区域最广;南非Ⅰ型、Ⅱ型和Ⅲ型主要在非洲大陆流行;亚洲Ⅰ型主要在中东和南亚地区流行;C 型自 2004 年在巴西和肯尼亚引发疫情之后再未见报道。2021 年,东南亚地区口蹄疫疫情形势依旧复杂,柬埔寨、马来西亚、缅甸、泰国和越南等国均有疫情发生,且引发疫情的毒株复杂,对我国口蹄疫防控的威胁持续存在。

当前,我国口蹄疫疫情形势总体平稳,亚洲Ⅰ型口蹄疫维持无疫状态,近 3 年未发生 A 型口蹄疫疫情,2021 年发生 3 起 O 型口蹄疫疫情。从监测情况看,当前我国口蹄疫流行毒株依然复杂,O 型口蹄疫有 Ind－2001e、Mya—98 和 CATHAY 等毒株,A 型为 Sea—97 毒株。2021 年在边境地区监测到 A 型的 A/Sea—97 境外分支病毒。

我国口蹄疫疫苗对国内流行毒株有效,疫情风险点主要存在于免疫薄弱的环节和场点。基于监测数据,预判 2022 年我国口蹄疫疫情仍将以 O 型口蹄疫为主,O 型多毒株同时流行的状况仍将持续,不排除 A 型口蹄疫点状发生的可能;境外毒株传入我国的风险依然存在。

（二）疫苗选择

选择与本地流行毒株抗原性匹配的疫苗,疫苗产品信息可在中国兽药信息网"国家兽药基础信息查询"平台"兽药产品批准文号数据"中查询。

（三）推荐免疫程序

1. 规模场

考虑母畜免疫情况、幼畜母源抗体水平等因素,确定幼畜初免日龄。如根据母畜免疫次数、母源抗体等差异,仔猪可选择在 28—60 日龄时进行初免,羔羊可在 28—35 日龄时进行初免,犊牛可在 90 日龄左右进行初免。所有新生家畜初免后,间隔 1 个月后进行一次加强免疫,以后每间隔 4—6 个月再次进行加强免疫。

2. 散养户

春秋两季分别对所有易感家畜进行一次集中免疫,每月定期补免。有条件的地方可参照规模场的免疫程序进行免疫。

3. 紧急免疫

发生疫情时,对疫区、受威胁区的易感家畜进行一次紧急免疫。边境地区受到境外疫情威胁时,结合风险评估结果,对口蹄疫传入高风险地区的易感家畜进行一次紧急免疫。最近 1 个月内已免疫的家畜可以不进行紧急免疫。

（四）免疫效果监测

1. 检测方法

采用 GB/T18935—2018《口蹄疫诊断技术》规定的方法进行抗体检测。使用灭活疫苗免疫的,采用液相阻断 ELISA、固相竞争 ELISA 检测免疫抗体;使用合成肽疫苗免疫的,采用 VP1 结构蛋白 ELISA 检测免疫抗体。

2. 免疫效果评价

猪免疫 28 天后,其他家畜免疫 21 天后,抗体效价达到以下标准判定为个体免疫合格:

液相阻断 ELISA:牛、羊等反刍动物抗体效价 $\geq 2^7$,猪抗体效价

$\geqslant 2^6$。

固相竞争 ELISA:抗体效价$\geqslant 2^6$。

VP1 结构蛋白抗体 ELISA:按照方法或试剂使用说明判定阳性。

免疫合格个体数量占免疫群体总数不低于 70%的,判定为群体免疫合格。

三、小反刍兽疫

（一）流行形势

2021 年,全球小反刍兽疫流行状况没有明显变化,疫病主要在非洲北部和中部以及蒙古。我国西部和南部周边国家疫情形势不明朗,疫情传入风险持续存在。2021 年,全国共报告发生 14 起疫情,形势总体平稳。从监测情况看,交易市场和屠宰厂(场)病毒污染面大,部分养殖场也有感染,青藏高原部分山区存在野生动物感染。从流行毒株看,国内流行毒株仍属于基因Ⅳ系,未发生明显的遗传变异。

我国小反刍兽疫疫苗对国内流行毒株有效,疫情风险点主要存在于免疫薄弱的环节和场点。基于监测数据,预判 2022 年我国小反刍兽疫疫情仍将点状发生,区域性暴发的可能性不大,青藏高原、天山、贺兰山和祁连山一带野生动物感染发生风险较高;境外疫情再次传入的风险依然较高。

（二）疫苗选择

选择使用小反刍兽疫活疫苗,疫苗产品信息可在中国兽药信息网"国家兽药基础信息查询"平台"兽药产品批准文号数据"中查询。

（三）推荐免疫程序

1. 规模场

新生羔羊 1 月龄后进行免疫,超过免疫保护期的进行加强免疫。

2. 散养户

春季或秋季对本年未免疫羊和超过免疫保护期的羊进行一次集中免疫,每月定期补免。

3. 紧急免疫

发生疫情时,对疫区和受威胁区羊只进行紧急免疫。最近 1 个月内已免疫的羊可以不进行紧急免疫。

（四）免疫效果监测

1. 检测方法

采用 GB/T27982—2011《小反刍兽疫诊断技术》规定的 ELISA 方法进行抗体检测。

2. 免疫效果评价

免疫 28 天后,抗体检测阳性,判定为个体免疫合格。免疫合格个体数量占免疫群体总数不低于 70% 的,判定为群体免疫合格。

四、布鲁氏菌病

（一）流行形势

布鲁氏菌病(以下简称"布病")是全球流行的人畜共患传染病,高发地区在中东地区、地中海沿岸地区、亚洲、非洲大部分地区和南美洲地区。我国畜间布病呈现高位流行态势,主要流行地区为华北、西北和东北地区,近几年有向南方省份扩散的态势。从监测结果来看,北方地区牛羊场布病流行率仍然在高位运行,羊场群体和个体阳性率有上升趋势,南方地区部分牛羊场也有阳性检出。牛羊群中流行的布病菌株种型以牛种布鲁氏菌和羊种布鲁氏菌为主,在牛羊混合饲养的地区,存在布鲁氏菌跨畜种混合感染的情况。

我国家畜布病防控形势不容乐观。基于监测数据,预判 2022 年我国布病主要流行区域总体不会改变;若免疫、检疫、扑杀、消毒、无害化处理等措施落实不到位,疫情可能出现局部反弹。

（二）疫苗选择

选择使用布病活疫苗,疫苗产品信息可在中国兽药信息网"国家兽药基础信息查询"平台"兽药产品批准文号数据"中查询。

（三）推荐免疫程序

1. 规模场

牛:3—4 月龄健康犊牛皮下注射 A19 疫苗,或每年秋季对 3 月龄以上牛口服 S2 疫苗。

羊:M5 疫苗皮下或肌肉注射免疫,S2 疫苗灌服。

其他疫苗,按产品使用说明书进行免疫。

2. 散养户

春秋两季分别进行一次集中免疫,可参照规模场的免疫程序进行免疫。

（四）免疫后抗体转阳率的测定

采用 GB/T18646-2018《动物布鲁氏菌病诊断技术》规定的虎红平板凝集试验和 ELISA 方法检测抗体。评估免疫后的抗体转阳率,一般在免疫后 4 周进行抗体检测,A19 疫苗和 M5 疫苗注射免疫的抗体阳转率一般不低于 80%,S2 疫苗灌服的抗体阳转率各地可根据历年的转阳率情况确定。

五、包虫病

（一）流行形势

内蒙古、陕西、宁夏、甘肃、青海、四川、云南、西藏、新疆、新疆兵团等包虫病疫区总体达到基本控制,但部分地区家犬的棘球绦虫感染率依然较高,依旧为主要的传染源。

（二）疫苗选择

选择使用羊棘球蚴病基因工程亚单位疫苗,疫苗产品信息可在中国兽药信息网"国家兽药基础信息查询"平台"兽药产品批准文号数据"中查询。

（三）推荐免疫程序

羊:对断奶羔羊进行首免,一个月后再次进行免疫。每年加强免疫一次。

牦牛:四川、西藏、青海等省份的包虫病高发地区,经省级农业农村主管部门同意后,可使用 5 倍剂量的羊棘球蚴病基因工程亚单位疫苗,试点开展牦牛包虫病免疫。

（四）免疫效果监测

1. 检测方法

采用 ELISA 方法检测 EG95 蛋白抗体。

2. 免疫效果评价

免疫 7 天后,抗体检测阳性判定为个体免疫合格。免疫合格个体数量占免疫群体总数不低于 70% 的,判定为群体免疫合格。

六、猪瘟

（一）流行形势

当前,猪瘟主要在东南亚、中南美洲和东欧等地区流行。我国猪瘟控制程度好,呈平稳态势,流行率极低。临床上,以散发性疫情和猪场的非典型病例和个体感染为主。从监测数据来看,猪瘟病毒在猪群中的感染率低,与前两年的监测数据基本相当,免疫状况总体较好。

基于监测数据,预判 2022 年猪瘟临床仍以点状发生、非典型病例以及个体感染为主,不会发生暴发性或区域性疫情,不排除小范围、局部或零星疫情发生的可能。猪瘟疫苗免疫合格率低且存在猪瘟病毒污染的猪场,特别是生物安全体系缺失或不完善的中小型猪场,有疫情发生风险。

（二）疫苗选择

选择使用猪瘟活疫苗或亚单位疫苗,疫苗产品信息可在中国兽药信息网"国家兽药基础信息查询"平台"兽药产品批准文号数据"中查询。

（三）推荐免疫程序

1. 猪瘟活疫苗

商品猪:21—35 日龄进行初免,60—70 日龄加强免疫一次。

种公猪:21—35 日龄进行初免,60—70 日龄加强免疫一次,以后每 6 个月免疫一次。

种母猪:21—35 日龄进行初免,60—70 日龄加强免疫一次。以后每次配种前免疫一次。

2. 猪瘟亚单位疫苗

种公猪和种母猪一年免疫 2 次。商品猪一年免疫 1 次。

（四）免疫效果监测

1. 检测方法

采用 GB/T16551—2020《猪瘟诊断技术》规定的 ELISA 方法进行抗体检测。

2. 免疫效果评价

免疫 21 天后,抗体检测阳性判为个体免疫合格。免疫合格个体数量占免疫群体总数不低于70%的,判定为群体免疫合格。

七、猪繁殖与呼吸综合征

(一) 流行形势

当前,猪繁殖与呼吸综合征主要在北美、欧洲和亚洲地区流行。我国猪繁殖与呼吸综合征的流行范围仍较广、临床疫情持续不断,对养猪生产危害严重。当前我国主要流行毒株是类NADC30毒株及其重组毒株。

基于监测数据,预判2022年猪繁殖与呼吸综合征总体呈平稳态势,呈现猪场层面流行、点状发生的局面;类NADC30毒株及其重组毒株仍是优势流行毒株,毒株复杂多样的局面不会改观,防控措施落实不到位的情况下,可能会呈加重趋势。

(二) 疫苗选择

猪繁殖与呼吸综合征疫苗的安全性是首要考虑因素,要科学合理选择灭活疫苗和活疫苗。在猪繁殖与呼吸综合征发病猪场或阳性不稳定场,可选择使用和本场流行毒株匹配的弱毒活疫苗;在阳性稳定场,需逐渐减少使用弱毒活疫苗;在阴性场、原种猪场和种公猪站,需停止使用弱毒活疫苗。当前,商品化疫苗与类NADC30亲缘关系较远,免疫后均无法阻止类NADC30毒株的感染,交叉保护不足,但疫苗免疫能一定程度上降低感染猪的病毒血症滴度,缩短排毒时间。

(三) 推荐免疫程序

在阳性不稳定猪场,种母猪一年免疫3—4次活疫苗,仔猪也需进行免疫;商品猪根据种猪群疫病状态及保育阶段猪只发病日龄评估,可以在猪群感染时间前推3—4周进行免疫,哺乳猪的首次免疫时间应不早于14日龄。其他疫苗,按产品使用说明书进行免疫。

(四) 免疫效果监测

1. 检测方法

采用ELISA方法进行抗体检测。

2. 免疫效果评价

由于检测的抗体水平与免疫保护效果无直接相关性,抗体检测主要用于评估免疫后抗体转阳率。免疫28天后,抗体阳性个体占免疫群体总数不低于80%的,判定为群体免疫合格。

八、新城疫

（一）流行形势

我国家禽新城疫强毒株流行态势总体控制在较低水平。

从监测情况来看,鸡新城疫防控效果较好,但鸽新城疫强毒株流行强度有所增加,流行范围扩大,鹅新城疫强毒株污染面有扩大趋势。

（二）疫苗选择

选择使用新城疫灭活疫苗或弱毒活疫苗,疫苗产品信息可在中国兽药信息网"国家兽药基础信息查询"平台"兽药产品批准文号数据"中查询。

（三）推荐免疫程序

商品肉鸡:7—10日龄时,用新城疫活疫苗或灭活疫苗进行初免,2周后,用新城疫活疫苗加强免疫一次。

种鸡、商品蛋鸡:3—7日龄,用新城疫活疫苗进行初免;10—14日龄,用新城疫活疫苗或灭活疫苗进行二免;12周龄,用新城疫活疫苗或灭活疫苗进行强化免疫;17—18周龄或开产前,再用新城疫灭活疫苗免疫一次。开产后,根据免疫抗体检测情况进行强化免疫。

（四）免疫效果监测

1. 检测方法

采用GB/T16550－2020《新城疫诊断技术》规定的血凝试验(HA)和血凝抑制试验(HI)方法进行抗体检测。

2. 免疫效果评价

HI效价$\geqslant 2^4$,判为个体免疫合格。个体免疫抗体合格数量占免疫群体总数不低于70%的,判定为群体免疫合格。

九、牛结节性皮肤病

（一）流行形势

2021年,全球疫情主要集中于东亚和南亚地区。我国牛结节性皮肤病流行形势总体平稳,从监测情况看,病原分布范围扩大,多集中于南方省份。

基于监测数据,预判2022年吸血虫媒活跃季节,未免疫牛群疫情发生风险高,跨地区调运传播疫情风险较大。由于吸血虫媒越境迁飞和感染牛走私入境等因素,境外疫情传入风险持续存在。

（二）疫苗选择

选择使用山羊痘活疫苗,疫苗产品信息可在中国兽药信息网"国家兽药基础信息查询"平台"兽药产品批准文号数据"中查询。

（三）推荐免疫程序

采用5倍免疫剂量的山羊痘疫苗,对2月龄以上牛进行免疫。

十、狂犬病

（一）流行形势

我国动物狂犬病疫情稳中有降,人间狂犬病疫情稳步下降,发病范围逐步减小。患病犬仍然是我国狂犬病的主要传染源。野生动物狂犬病疫情值得关注。

（二）疫苗选择

选择使用狂犬病灭活疫苗,疫苗产品信息可在中国兽药信息网"国家兽药基础信息查询"平台"兽药产品批准文号数据"中查询。

（三）推荐免疫程序

对3月龄以上的犬进行首免,之后每年定期免疫。根据当地狂犬病流行情况对家畜等其他动物进行免疫。

十一、动物炭疽

（一）流行形势

我国炭疽疫源地分布广泛,老疫区主要集中在西北和东北地区。当前,动物炭疽传染源仍以感染的牛羊等家畜为主。

（二）疫苗选择

选择使用无荚膜炭疽芽孢苗或Ⅱ号炭疽芽孢疫苗,疫苗产品信息可在中国兽药信息网"国家兽药基础信息查询"平台"兽药产品批准文号数据"中查询。

（三）推荐免疫程序

对近3年发生过炭疽疫情的地方,在风险评估的基础上,科学确定免疫范围,开展预防性免疫,每月定期补免。